国家社科基金一般项目"亚洲杯专业足球场赛后利用研究"主要成果

我国大型专业足球场
赛后利用研究

陈元欣◎著

人民体育出版社

图书在版编目（CIP）数据

我国大型专业足球场赛后利用研究 / 陈元欣著.
北京：人民体育出版社，2025. -- ISBN 978-7-5009
-6495-7

Ⅰ. TU245.1

中国国家版本馆 CIP 数据核字第 2024NJ2492 号

*

人 民 体 育 出 版 社 出 版 发 行
北京中献拓方科技发展有限公司印刷
新 华 书 店 经 销

*

710×1000　16 开本　11.5 印张　212 千字
2025 年 2 月第 1 版　2025 年 2 月第 1 次印刷

*

ISBN 978-7-5009-6495-7
定价：58.00 元

社址：北京市东城区体育馆路 8 号（天坛公园东门）

电话：67151482（发行部）　　　邮编：100061

传真：67151483　　　　　　　　邮购：67118491

网址：www.psphpress.com

（购买本社图书，如遇有缺损页可与邮购部联系）

前　言

　　我国大型专业足球场较为缺乏，为办好 2021 年国际足联俱乐部世界杯（以下简称"世俱杯"）和 2023 年亚洲杯足球赛，我国启动建设了一批大型专业足球场（以下简称"球场"），后因疫情影响，世俱杯和亚洲杯赛事均易地举办。我国为亚洲杯、世俱杯建设、改造的多座球场直接进入赛后利用阶段，这些球场如果得不到合理有效的利用，将会给所在区域以及城市的发展带来沉重的负担。因此，加强球场赛后利用研究，可为我国球场建设与赛后运营提供经验借鉴与理论支持。

　　本书就我国球场建设及赛后利用面临的主要困境、世界杯球场建设与赛后利用经验、球场可持续发展研究、球场赛后利用模式研究、职业足球俱乐部参与球场运营研究、球场赛后利用效果评价：CSUI 指数研究等问题进行了较为深入的研究。通过对 6 届世界杯球场可持续利用经验的梳理，提出了我国球场可持续发展路径与策略。结合世界杯球场赛后利用的 4 种主要模式，提出了这些模式在我国球场应用的主要条件与策略。职业足球俱乐部作为球场的主要运营主体，结合我国实际，从直接参与和间接参与球场运营两个角度提出了俱乐部参与球场运营的可行路径。球场赛后利用效果需要进行评价，国外建立了较为可行的场馆利用指数如 SUI 指数（Stadium Utilization Index，体育场馆利用指数）等对球场利用情况进行评价。在借鉴国外 SUI 指数的基础上，结合我国实际，构建与国际接轨、适应中国情境的 CSUI 指数（Chinese Stadium Utilization Index，中国体育场馆利用指数）。

　　本书是国内有关球场方面的较为全面、系统的研究成果，在一定程度上弥补了国内在球场运营方面研究的不足，对于我国球场的建设与赛后利用具有重要的借鉴与参考价值。

本书是在笔者承担的 2021 年国家社会科学基金一般项目"亚洲杯专业足球场赛后利用研究"的研究报告基础上修订而成的,在研究过程中得到了国家体育总局体育经济司,中国足球协会,亚足联亚洲杯中国组委会秘书处,中国体育场馆协会,亚洲杯主办城市球场设计、运营单位,国家体育总局体育经济司原副司长彭维勇等诸多部门和专家、学者的大力支持,在此一并向他们表示感谢!课题组成员方雪默、周彪、刘然祺、袁佳、郭颖、柳如画、张迪、杨利敏等人参与了部分研究任务,在此向他们的辛苦付出表示感谢!

大型专业足球场在我国尚属新生事物,相关研究较为缺乏,因笔者学识和能力有限,书中难免有所疏漏和不尽如人意之处,还望专家和学者不吝赐教。

陈元欣于武汉南湖

2024 年 8 月

目　录

1

绪　论

1.1　研究背景与意义

党的十八大以来，以习近平同志为核心的党中央把振兴足球运动作为发展体育运动、建设体育强国的重要任务提上议程。振兴和发展足球运动是全国人民的热切期盼，关系到群众身心健康和优秀文化培育，对于建设体育强国、促进经济社会发展、实现中华民族伟大复兴的中国梦具有重要意义。2015 年 3 月，国务院办公厅印发的《中国足球改革发展总体方案》（以下简称《方案》）明确提出，我国将在未来积极申办国际足联男足世界杯。为深入落实《方案》要求，提高我国足球水平和办赛能力，2019 年我国成功申办 2021 年世俱杯足球赛和 2023 年亚足联亚洲杯足球赛（以下简称亚足联亚洲杯）。自成功申办两大赛事以来，我国球场的新建、重建、改建工作全面启动，包括北京、上海、西安在内的 10 座城市陆续开始建设球场。然而，因疫情影响，原定于 2021 年在我国举办的世俱杯足球赛已于 2022 年初由阿联酋举办，而原定于 2023 年在我国 10 座城市举办的亚足联亚洲杯赛事也已易地举办。由此，我国为亚足联亚洲杯建设的 10 座球场跨过赛时使用，直接进入赛后利用阶段。这些球场暂时缺少了重大赛事需求，但场地的后续建设及维护费用依然高昂，以上海虹口足球场为例，每年的场地维护费用都在百万元以上，如果需要替换草皮，成本更是急剧增加。这些前期投入巨大的经济资源和社会资源建设的球场若得不到合理有效的利用，将会给所在区域及城市的发展带来沉重的负担。如何让球场提高利用率、远离"白象"（昂贵而无用之物）成为目前亟待解决的问题。因此，加强球场赛后利用研究，有利于为我国球场建设与赛后运营提供丰富的经验借鉴与镜鉴，为破解体育场馆赛后利用世界难题贡献中国智慧与中国方案。

1.2 研 究 方 法

1.2.1 文献资料法

课题组以"专业足球场赛后利用"为主题搜索相关书籍、硕博士论文、官网（中英文），查阅并翻译球场可持续发展报告、建设技术报告等；在中国知网、万方数据、维普和 ProQuest、EBSCO、Web of Science、谷歌学术等数据库搜索引擎中以"专业足球场馆""大型体育场馆""场馆赛后运营""球场运营""大型场馆赛后运营模式""专业足球场运营模式""亚洲杯场馆赛后利用""球场运营影响因素""Professional Football Stadiums""Post-competition use of stadiums""Stadium operation mode"等为关键词进行多种组合搜索，找到近 10 年球场赛后利用相关的国内外论文数百篇；同时对在国际足联官网和各世界杯举办球场的官网中查询到的各球场关于赛后利用的报告、网页和期刊信息等相关文献和资料进行翻译、整理与分类，从中梳理出国内外各球场赛后利用现状和模式，为本研究提供前期理论基础。

1.2.2 专家访谈法

课题组根据后续研究需要，提前准备好访谈提纲后，以电话、邮件和在线会议等方式对国内外从事体育场馆、体育赛事研究的专家学者，以及亚足联亚洲杯体育场馆设计、运营等方面的负责人进行深入访谈，访谈内容涉及球场赛后利用状况、面临的主要困境、赛后利用主要影响因素、国外发展情况、可持续发展情况等。通过咨询该研究领域的专家学者和从业人员，以期为本研究的顺利完成提供更多思路。

1.2.3 实地调查法

课题组先后对新北京工人体育场、天津滨海足球场、重庆龙兴足球场、青岛青春足球场、上海浦东足球场、上海虹口足球场、成都龙泉驿足球场、苏州昆山足球场、西安国际足球中心、厦门白鹭体育场等 15 个球场进行了实地调研与考察，对各球场的基础设施、外形建设、内置功能、周边设施、运营主体等有了真实全面的了解，并收集了各球场的相关数据及资料，为本研究打下了坚实基础。

1.2.4 案例分析法

课题组根据本研究的需要，以各国运营情况良好的球场为典型案例，对这些球场的建设和赛后运营模式进行个案研究，因各国体育产业、城市发展、体育文化氛围等情况不同，案例分析法聚焦于分析不同国家、不同球场之间的差异，经过筛选与分析选取其中较有代表性的典型案例进行深入研究，以期从中提取出球场赛后运营的主要模式及该模式的应用条件、应用指南和应用策略。

1.3 相关概念界定

1.3.1 专业足球场

专业足球场（又称为专用足球场，Professional Soccer Stadium）是为举办足球比赛和足球相关文化活动而专门建造的体育场馆。一般规定为长 100～110m、宽 64～75m 的长方形场地，国际比赛的正式场地长 105m、宽 68m，场内不设田径跑道，但需铺设专业草坪。球场占地面积小，在与综合体育场馆具有相同观众容量的前提条件下可以有效节省土地使用，功能设置上也更能展现出球场设施的专业性。实际上球场只是放弃了普通大型综合体育场馆内的田径比赛功能，通过前期设计规划的预留和赛后有效利用，保留依然能够满足包括足球比赛和演唱会这两种主体功能的设施条件。球场之所以独具魅力，主要体现在其设计上，球场内没有周边环绕的田径跑道，使得大部分观众席能够更近距离地接触比赛场地。这种设计不仅能够让球迷享受到更为清晰、逼真的视觉体验，还能够让他们更真切地感受到赛场上的热烈氛围，从而拥有沉浸式的观赛体验。这种视觉和感官上的优势，在比赛时能有效提升对现场球迷的吸引力。此外，球场的紧凑座席布局在举办演唱会时同样发挥着重要作用，有助于声音的聚焦和传递，从而极大地提升现场音质的清晰度和立体感，使观众在享受视觉盛宴时也能获得极佳的听觉体验。

1.3.2 赛后利用

在大部分情况下，"利用"一词是指使事物或人能够发挥其应有的效能。当谈及赛后利用时，通常意味着在赛事结束后，通过一系列有效措施，确保比赛期间投入的物质和人力资源能够持续、有效地发挥作用。然而，由于 2023 年亚足联亚洲杯的易地举办，我国的球场赛后利用概念被赋予了特定的内涵。具体来说，我国的球场赛后利用特指那些为亚足联亚洲杯而专门建造的球场在赛事结束后如何继续发挥作用。这涉及球场的规划、建设及运营管理，旨在根据城市和居民的发展趋势与实际需求，深入挖掘球场的潜在价值，从而最大限度地减少赛事易地举办给球场带来的潜在影响。通过这样的方式，球场能够持续为社会和经济发展做出贡献，实现社会效益和经济效益的双赢。因此，应当加快推动我国为亚足联亚洲杯建造的球场的多元化发展，进一步丰富其职能，有效拓展与提升其使用功能和服务能力。这样有助于提升球场资源的赛后可持续利用水平，为城市的长远发展注入新的活力。

1.3.3　运营模式

运营的原始含义特指用各种包括车船在内的运载工具和相关技术设备，支持业务流程的一种生产主题活动。申元月和王长峰指出，运营管理模式包含所有公司或社会组织将关键投入和成本转化为关键产出的整个过程。在这个过程中，公司通过改变和改造生产运营系统，投入人力和时间资源，使其产品的使用价值升高或能够从中获取更高利润。对体育场馆而言，运营模式是指通过对包括投资方、建设方和运营方等在内的参与体育场馆全生命周期运营的相关利益方进行资源整合，创造出一套组织机制及商业架构，从而使体育场馆在其使用过程中能充分创造价值并盈利。

体育场馆的运营模式可以按照运营主体的性质分为国企运营、民企运营及混合运营；也可以按照场馆的主要使用功能来划分，如场馆可以供职业俱乐部、全民健身及青训使用，可以作为体育服务综合体使用，还可以作为体育公园使用等。本研究所指的运营模式是以申元月和工长峰定义的运营模式米界定的体育场馆运营，即对公共体育场馆的资源进行合理配置和开发管理，最终以体育服务产品的形式把产出展示到社会的过程，在此基础上主要研究具有不同使用功能的球场适合的赛后运营模式。

1.4　主要研究内容

本研究以现实需要为导向，在建设体育强国和振兴足球运动的大背景下，对球场赛后利用的现实问题进行深入研究。从球场建设及赛后利用的实践出发，全面梳理球场赛后利用面临的主要困境与影响因素，提供国外世界杯球场赛后利用经验借鉴和本土启示，并就球场的可持续发展、球场的赛后利用模式、职业足球俱乐部参与球场运营、SUI 指数等进行深入分析，探索形成球场赛后利用的模式与经验，为我国球场的未来发展提供参考。

在我国球场建设及赛后利用可能面临的主要困境部分，通过文献资料整理、专家访谈及对部分球场的实地调研，呈现我国当前球场建设和运营的基本情况，并以 4 个个案为例进行详细说明。同时，梳理了影响球场赛后利用的主要因素，包括球场区位因素、球场前期设计规划、国内职业联赛发展水平、球场自我造血能力、球场建设投融资模式等，并据此提出了当前我国球场赛后利用方面可能存在的困境，为本研究顺利开展奠定了重要基础。

21 世纪以来，国际足联世界杯已成功举办 6 届，通过对其中 5 届世界杯足球赛球场的建设与赛后利用情况进行深入分析，认为日本、德国的球场赛后利用情况较好，虽然南非、巴西、俄罗斯的球场赛后利用情况不佳，但南非、巴西、俄罗斯在球场的建设与赛后利用方面亦有特色，以此总结出世界杯球场的建设与赛后利用的经验和部分不足，并提出对我国的启示，以期为我国的球场建设与赛后利用提供参考与借鉴。

球场的可持续发展是践行可持续发展理念的重要路径，历届世界杯球场在可持续发展方面都进行了积极的探索，本研究基于可持续发展理论和全生命周期理论，运用文献资料法和案例分析法，选取世界杯球场利用的典型个案进行研究，梳理出可资借鉴的策略与经验，并就我国球场可持续发展的探索与不足进行深入分析，提出针对我国球场可持续发展的相关启示与建议。

世界杯球场的赛后运营主要有四大模式，本研究详细阐述了每种模式的应用指南和应用策略，对每种模式中的典型球场案例进行个案分析，并总结出影响球场运营模式选择的主要因素。根据此类因素构建出影响球场主要运营模式选择的核心因素指标体系，提出各模式区分指标维度和选择特征，并以成都凤凰山足球场为例进行实证分析，以期为我国球场的赛后运营提供参考与理论指导。

球场和俱乐部是现代足球职业化、商业化发展的重要组成部分，球场可作为增加俱乐部商业开发收入的重要载体，俱乐部则是球场内容的积极生产者，两者是协同发展的共生关系。本研究从建设与运营两个方面着眼，基于沉没成本理论和共生理论，在对我国职业足球俱乐部参与球场运营进行系统分析的基础上，对国外职业足球俱乐部参与球场运营的模式及经验进行研究，并据此提出我国职业足球俱乐部参与球场运营的路径及建议。

我国当前尚缺乏一套统一的、被广泛认可的体育场馆利用率评价标准。相比之下，国外普遍采用诸如 SUI 指数和上座率等指标来衡量体育场馆的使用情况。然而，这些国外标准在我国场馆环境中的适用性仍需进一步探讨。因此，本研究将在深入研究国外 SUI 指数的基础上，结合中国的实际情况，构建一个既与国际接轨又适应中国国情的场馆利用指数。为实现这一目标，将选取我国体育场馆的相关数据进行实证研究，并深入分析影响利用指数的各种因素之间的相关性。最终，希望通过本研究，探讨出提高中国体育场馆利用率的实践方法和策略，从而为提升中国体育场馆的利用率提供有益的参考。

本研究在上述全面、深入分析的基础上，高度概括和提炼形成主要结论，并根据我国球场实际，提出相应的促进球场赛后利用的对策建议，以期为推动我国球场赛后的更好利用提供参考。

我国球场建设及赛后利用面临的主要困境

从建设层面来看，球场的投资规模庞大，往往需要政府、企业等多方主体共同投入，然而，在追求短期效益和政绩的驱动下，部分球场建设存在盲目跟风、缺乏科学规划的问题，容易导致资源的浪费。从赛后利用层面来看，我国球场普遍面临着运营成本高、赛事资源不足、多功能开发滞后等难题。由于缺乏长期稳定的赛事支撑，许多球场在比赛结束后便陷入闲置状态，难以实现经济效益和社会效益的最大化。本研究将深入剖析我国球场建设及赛后利用面临的主要困境，为寻求有效解决方案提供理论支持和决策参考。

2.1 我国球场建设及运营情况分析

2.1.1 我国球场的建设情况

我国体育场馆众多，但现有的球场数量较少，共计 15 座，包括原有已建成的 5 座和为亚足联亚洲杯而建设的 10 座（其中，原天津泰达足球场更名为天津滨海足球场）。原有的 6 座球场分布较为集中，主要在东部地区，如上海、天津、广州等地。为成功举办 2023 年亚足联亚洲杯，我国在 10 座城市投入大量经济资源、社会资源新建、重建或改建球场，加快了我国球场建设的步伐。同时这批球场在设计和建设上也满足国际足联标准，为我国未来承办国际足联世界杯积累了一定的场馆资源和建设经验。在这 10 座球场中，除天津滨海足球场是在天津泰达足球场原址上改建、新北京工人体育场是在原址上推倒重建外，其余 8 座球场均为重新选址新建。但遗憾的是，受疫情影响，2023 年亚足联亚洲杯易地举办，这给各球场的长效利用带来严重的不利影响。

2.1.1.1 球场容量及选址

我国早期建设的几座球场容量较为适中，而后来为亚足联亚洲杯兴建的几座球场容量则相对较大。从表 2-1 中可知，我国原有的 5 座球场平均球场容量为 2.76 万人左右，相对于中超联赛平均上座数为 1.5 万～3 万人的情况来看，该座席数量设计较为合理，既能满足观赛人数需求，也可在一定程度上降低球场的闲置率。

表 2-1　我国球场数量及球场容量

球场类型	球场名称	新（重/改）建/原有	球场容量/人	俱乐部（拟）	选址（直线距离）
亚足联亚洲杯球场	新北京工人体育场	重建	68000	北京国安	近市中心
亚足联亚洲杯球场	天津滨海足球场（原天津泰达足球场）	改建	37000	天津泰达	距市中心约 50km
亚足联亚洲杯球场	大连梭鱼湾足球场	新建	63000	无	距市中心约 7km
亚足联亚洲杯球场	厦门白鹭体育场	新建	61000	无	距市中心约 12km
亚足联亚洲杯球场	重庆龙兴足球场	新建	60000	重庆两江龙兴	距市中心约 40km
亚足联亚洲杯球场	成都凤凰山足球场	新建	60000	成都蓉城	距市中心约 13.9km
亚足联亚洲杯球场	西安国际足球中心	新建	60000	无	距市中心约 20km
亚足联亚洲杯球场	青岛青春足球场	新建	50000	青岛黄海	距市中心约 20km
亚足联亚洲杯球场	苏州昆山足球场	新建	45000	苏州昆山	距市中心约 45km
亚足联亚洲杯球场	上海浦东足球场	新建	35000	上海海港	距市中心约 13km
原有球场	上海虹口足球场	原有	35000	上海申花	距市中心约 20km
原有球场	上海金山足球场	原有	30000	上海申鑫	距市中心约 70km
原有球场	成都龙泉驿足球场	原有	30000	四川九牛	距市中心约 30km
原有球场	天津团泊足球场	原有	23000	泰达亿利	距市中心约 30km
原有球场	广州肇庆新区足球场	原有	20000	无	距市中心约 70km

资料来源：作者根据公开数据整理。

新建的 10 座球场按照"立足当前，着眼球场长远利用"的理念和国际足联关于世界杯球场的标准进行规划与设计，因此球场容量普遍较大。在 10 座新建球场中，有 6 座球场座席数大于或等于 6 万座，其中不乏位于西安、厦门等目前并无中超球队的城市的球场，过大的球场容量对没有中超球队的城市来说，在球场的后期运营上将面临较大压力。也有部分球场座席数量较为适中，如改建的天津滨海足球场和新建的上海浦东足球场，这两座球场的座席数在 3.5 万座左右，其中天津滨海足球场虽距离市中心较远，但因天津泰达足球俱乐部球迷群体较多，球场未来的上座率预计较为可观。上海浦东足球场为上海海港足球俱乐部主场，该俱乐部在中超球队中人气较高、战绩较好，其观赛人数一直保持在较高水平。因此，从这两家俱乐部近几年的球迷人数来看，球场座席数量设计较为合理。

此外，球场的地理区位和交通基础设施条件是影响球场运营的重要因素。职业联赛的观众多为当地的城市居民，其观赛行为的特点具有随机性，因此球场区位和交通可达性将对观赛行为产生影响。若球场周边交通基础设施较为完备，球迷方便抵达，则上座率会大为改观；若球场选址不科学，交通可达性较低，则在一段时期内很难形成主要的消费群体，这将会制约球场的长远发展，造成球场资源的闲置和浪费。对比这几座球场的区位可知，新北京工人体育场、上海浦东足球场、厦门白鹭体育场、上海虹口足球场的选址距离市中心较近，且交通较为便利，在未来有更大可能接待更多观赛人群。例如，上海虹口足球场在上海市中心，周边公共交通发达，地铁可直达，球迷到场观赛的积极性更高。根据官方发布的数据，上海虹口足球场在中超 2019 赛季共开展联赛及非体育赛事活动 28 场，平均上座数为 24333 人，球场利用情况良好。其他与市中心均有一定距离且交通较为不便的球场，后期可能会受到交通区位的影响而导致球场利用率降低。

2.1.1.2 球场投融资情况

大型体育场馆的建设和运营投入巨大，因此，在建设前期一般采取多种途径筹集建设资金，以确保有充足的资金建设场馆。大型体育场馆的投融资模式主要有以下 3 种类型：政府资本投资模式、社会资本投资模式、公私联合资本投资模式（或称公私合作资本投资模式）。其中，政府资本投资模式是指以公共资金投资为依托进行的金融活动，主要有政府财政投资、财政补贴加自筹、国有平台公司投资等模式；社会资本投资模式是指资金来源主要是社会私有资本，主要依托市场来筹集资金，如租赁融资、社会捐赠加自筹、银行贷款融资、无形资产融资等模式；公私联合资本投资模式是指政府公共部门和社会私有部门共同参与生产和提供物品与服务的特定合作机制，合作双方共同承担投资风险责任、共享投资收益，如 PPP 模式、BOT（Build-Operate-Transfer，建设-运营-移交）模式、ROT 模式等。基于以上 3 种投融资模式，我国 15 座球场在投融资主体方面已初步表现出多元化特点，政府、企业等不同主体均进入该领域，但总体来说仍以政府资本投资模式为主，融资模式依然单一。根据表 2-2 可知，15 座球场中有 13 座由政府直接或间接出资，政府投资的球场占总球场数的 86.67%，其中，苏州昆山足球场、天津团泊足球场及成都凤凰山足球场由国有企业自筹资金投资，属于政府间接投资，其他 10 座球场均由财政直接投资。除政府投资外，成都龙泉驿足球场是我国唯一一家由民营资本投资建设的球场，属于社会资本投资模式。新北京工人体育场由华体集团（中央企业）、中赫集团（私营企业）、北京建工集团（国有企业）共同成立的联合体公司——中赫工体（北京）商业运营管理有限公司投资建设，属于公私联合资本投资模式。

表 2-2　我国球场的投融资情况

球场名称	建设资金来源	投融资模式	总投资额/亿元
厦门白鹭体育场	财政资金	政府资本	85.3
西安国际足球中心	财政资金	政府资本	28.94
重庆龙兴足球场	财政资金	政府资本	27
大连梭鱼湾足球场	财政资金	政府资本	18.8
天津滨海足球场	财政资金	政府资本	5.3
广州肇庆新区足球场	财政资金	政府资本	2
上海浦东足球场	市财政资金	政府资本	18.07
上海金山足球场	市财政资金	政府资本	4
上海虹口足球场	市财政资金	政府资术	3
青岛青春足球场	政府 20%（政府专项债）和自筹 80%	政府资本	32.1
成都凤凰山足球场	国有企业自筹	政府资本	58.66
苏州昆山足球场	国有企业自筹	政府资本	13.6
天津团泊足球场	国有企业自筹	政府资本	4.55
成都龙泉驿足球场	民营资金	社会资本	2
新北京工人体育场	中赫工体（北京）商业运营管理有限公司出资	公私联合资本	46.2

资料来源：作者根据公开数据整理。

近年来，随着我国体育场馆改革进一步深化，场馆投融资模式逐渐多元，建设资金来源呈多元化趋势，但投资结构仍以政府资本投资模式为主，并未充分调动民间资本的积极性。以财政拨款或平台公司自筹投资等方式建设的球场，主要是为了满足大型赛事和竞技体育的需要，表现出社会性、政策性等特点，在其设计、建设过程中较少考虑到后期开放和经营开发的需要，致使球场在建成后除了满足少数大型赛事办赛需求，其余大部分时间都处于闲置状态，不利于球场的可持续利用。同时，政府投资还具有公益性特点，一般不考虑或较少考虑盈利性，为防止国有资产流失，在建成后球场多交由体育行政部门或其他有关部门负责管理，由它们代表国家行使对球场的所有权和管理权。这样的管理方式使得真正的球场运营者缺位，导致球场运营困难。

2.1.2 我国球场的运营情况

2.1.2.1 球场利用情况

截至 2023 年 8 月底，我国新建的 10 座球场已全部交付，目前，球场的利用以开展足球等赛事为主，如 U15 青少年足球赛、中超联赛等，而原有 5 座球场的利用以承办体育赛事、文艺演出等活动为主，通过收取租金维持球场运营。为更客观地评估这几座球场的利用情况，本研究拟选用国际上较为通用的评价球场利用情况的指标——SUI 指数，对球场的利用情况进行定量评估，该指标有 3 项研究因子，分别为球场容量（Capacity）、平均上座数（Average Attendance）和一定周期的赛事频率（Number of Events）。具体计算公式为：SUI 指数=一定周期的赛事频率×平均上座数/球场容量。SUI 指数值越高，表示球场的利用程度越高，SUI 指数值大于 10.00 可看作球场利用情况良好。表 2-3 整理了我国球场的利用情况，由于上海浦东足球场和成都凤凰山足球场是新建球场，开放时间较短，且受疫情影响，球场对观众人数有所限制，导致球场平均上座数较少甚至空场，但其在投入运营后已开展了诸多赛事活动，如上海浦东足球场 2022 年开展了 16 场 U15 青少年足球赛、成都凤凰山足球场 2022 年承办了 3 场成都蓉城队 2022 赛季中超联赛。从赛事频率来看，球场利用情况尚好。原有的 5 座球场除了上海虹口足球场和上海金山足球场能够被充分使用，其余 3 座球场的利用情况均欠佳。根据表 2-3 可知，上海虹口足球场的 SUI 指数值较高，为 19.47，反映了球场利用情况较好，主要原因有以下几点：①球场选址较好，周边交通便利，市民前往球场的交通可达性较高；②球场作为上海申花队（老牌强队人气较高，具有良好的球迷基础）的主场，上座率一直保持在较高水平；③球场活动开展较为丰富，上海虹口足球场除开展固定的中超联赛外，还承接演唱会等大型文体活动，球场利用率较高；④球场容量适中，既能保障场内积极的观赛氛围，也符合国内职业联赛整体的观赛需求；⑤固定俱乐部使用，球场长期以来提供给上海申花俱乐部使用（2023赛季开始后，申花俱乐部告别上海虹口足球场），球场的赛事频率较为稳定。上海金山足球场也是目前利用较好的球场之一，主要原因是上海申鑫俱乐部入驻，球场日常提供给俱乐部使用，赛事频率和观众上座率相对比较稳定，球场利用较好。我国原有的其余4座球场均未得到充分利用。例如，成都龙泉驿足球场荒废多年，近年才被中乙球队四川九牛当作主场使用，且从供给侧看，由于球场提供的赛事内容质量不高，球场上座率不甚理想；原天津泰达足球场则是由于距离市区过远且受到"8·12天津滨海新区爆炸事故"的影响，需要进行较大程度的修缮才能继续投入使用；天津团泊足球场因距市中心较远、场地偏小、场地基础设施不够完备等而未作为中超联赛主场，其利用率也不理想；作为广州市第一座专业足球场的广州肇庆新区足球场至今尚未有职业球队入驻，球场未作为比赛场地使用。

表2-3 我国球场的利用情况

球场名称	俱乐部	球场容量/人	时间	赛事频率	平均上座数	主要赛事活动	SUI指数值
上海浦东足球场	上海海港成都蓉城（拟）	35000	2022年	16	空场	U15青少年足球赛	无
成都凤凰山足球场		60000	2022年	3	35000	2022赛季中超联赛	2.3
上海虹口足球场	上海申花	35000	2019年	28	24333	中超联赛、演唱会	19.47
上海金山足球场	上海申鑫	30000	2019年	20	19876	中超联赛、青少年足球赛	13.25
成都龙泉驿足球场	四川九牛	30000	2019年	18	18000	中乙联赛、中超联赛	10.8
原天津泰达足球场	天津泰达	37000	无	无	无	无	无
天津团泊足球场	天津泰达亿利	23000	不详	不详	不详	第13届运动会足球赛	不详
广州肇庆新区足球场	无	20000	无	无	无	无	无

资料来源：作者根据公开的2019年和2022年数据整理。

2.1.2.2 球场运营模式

随着我国体育场馆经营权改革进程的不断加快，近年来，国内部分球场特别是新建球场的经营管理模式呈现出多元化特点，比较常见的是国有企业运营、政府和社会资本合作运营。由于我国部分新建球场尚未确定运营机构，暂未明确采用何种运营模式，所以本研究仅梳理我国目前正在运营或已经确定运营机构的球场的运营模式，主要包括以下几种。

（1）国有企业运营

国有企业运营是指当地政府为了促进体育产业发展，授予国有企业新建体育场馆的经营权，部分地方政府甚至成立了国有体育场馆运营公司，专门负责新建体育场馆的运营。我国球场大部分都交由国有企业运营，如上海浦东足球场的运营商为上海浦东足球场运营管理有限公司，该公司由大型国企久事集团和上港集团合资成立，负责上海浦东足球场的运营。西安国际足球中心的运营商为西安国际足球中心运营管理有限公司，该公司是政府成立的国有企业，主要承担西安国际足球中心项目的运营、服务及赛事筹备等工作。

（2）PPP 模式

PPP 模式是典型的政府和社会资本合作运营模式，即政府与私营部门之间合作的方式。通过 PPP 模式，政府能更积极、更灵活地运用私营部门的各种优势，同时保持对公共服务的质量和水平的控制。我国财政部 2014 年印发的《政府和社会资本合作模式操作指南（试行）》（现已失效）对 PPP 模式予以分类，如表 2-4 所示。

表2-4　我国 PPP 模式的类型、具体运作方式及合同年限

PPP 模式的类型	具体运作方式	合同年限
委托运营（O&M）	政府将存量公共资产的运营维护职责委托给社会资本或项目公司，社会资本或项目公司不负责用户服务的政府和社会资本合作项目运作方式。政府保留资产所有权，只向社会资本或项目公司支付委托运营费	一般不超过 8 年
管理合同（M&C）	政府将存量公共资产的运营、维护及用户服务职责授权给社会资本或项目公司的项目运作方式。政府保留资产所有权，只向社会资本或项目公司支付管理费，管理合同通常作为转让-运营-移交的过渡方式	一般不超过 3 年

续表

PPP 模式的 类型	具体运作方式	合同年限
BOT	由社会资本或项目公司承担新建项目设计、融资、建造、运营、维护和用户服务职责，合同期满后项目资产及相关权利等移交给政府的项目运作方式	一般为 20～30 年
BOO	由 BOT 方式演变而来，二者的区别主要是 BOO（Build-Own-Operate，建设-拥有-运营）方式下社会资本或项目公司拥有项目所有权，但必须在合同中注明保证公益性的约束条款	一般不涉及项目期满移交
TOT	政府将存量资产所有权有偿转让给社会资本或项目公司，并由其负责运营、维护和用户服务，合同期满后资产及其所有权等移交给政府的项目运作方式	一般为 20～30 年
ROT	政府在 TOT（Transfer-Operate-Transfer，移交-运营-移交）模式的基础上，增加改扩建内容的项目运作方式	一般为 20～30 年

根据表 2-5，在我国 15 座球场中，新北京工人体育场采取的是 PPP 模式中的 BOT 模式，新北京工人体育场项目由中赫集团、北京建工集团、华体集团组成的联合体共同成立的中赫工体（北京）商业运营管理有限公司负责，在合作期内（3 年建设及赛事服务期+40 年运营期）进行投资、建设和未来运营，合作期满无偿移交给市总工会或指定机构。

表 2-5　我国球场的运营模式

球场名称	运营商	运营模式
新北京工人体育场	中赫工体（北京）商业运营管理有限公司	BOT
天津滨海足球场	天津泰达投资控股有限公司	国企运营
上海浦东足球场	上海浦东足球场运营管理有限公司	国企运营
重庆龙兴足球场	暂无	暂无
成都凤凰山足球场	成都城投万馆体育文化发展有限公司	公私合营
西安国际足球中心	西安国际足球中心运营管理有限公司	国企运营
大连梭鱼湾足球场	大连市土地发展集团有限公司	国企运营
青岛青春足球场	中国建筑第八工程局有限公司	央企运营
厦门白鹭体育场	暂无	暂无
苏州昆山足球场	昆山文商旅集团有限公司	国企运营
上海虹口足球场	上海虹口足球场管理有限公司	国企运营

续表

球场名称	运营商	运营模式
上海金山足球场	不详	不详
成都龙泉驿足球场	不详	不详
天津团泊足球场	不详	不详
广州肇庆新区足球场	肇庆锐丰体育投资有限公司	委托运营

资料来源：作者根据公开数据整理。

成都凤凰山足球场同样采用的是政府和社会资本合作运营的模式，由成都城建投资管理集团有限责任公司（国有企业）和北京万馆体育文化产业有限责任公司（私营企业）共同成立的合资公司——成都城投万馆体育文化发展有限公司负责球场的运营和管理。

2.1.3 我国球场建设及运营情况的个案分析

在当前国内联赛水平较低、国际赛事成绩不佳的情况下，如何促进已有球场的可持续发展，避免出现"白象"效应，是面临的突出问题。为全方位了解新建或改（重）建的球场，探寻我国球场在可持续发展方面的经验与不足，选取了上海浦东足球场、成都凤凰山足球场、青岛青春足球场和重庆龙兴足球场作为典型案例进行研究。

2.1.3.1 上海浦东足球场

（1）球场设计情况

上海浦东足球场是由上海市体育局牵头，由作为建筑主体的上港集团和久事集团负责推进实施，由 HPP 建筑设计事务所负责设计的。虽然 HPP 建筑设计事务所拥有球场的设计权利，但其设计过程受到了很大程度的限制。

起初 HPP 建筑设计事务所设计的座席数量为 5 万座，提交至上海市体育局后，体育局建议缩减上海浦东足球场的容量。经过实地调研后发现原因如下：首先，上海目前较有代表性的球场——上海体育场的容量为 5.8 万座，上海浦东足球场若设计 5 万座的体量，则可能会和上海体育场形成同质化竞争；其次，上海虹口足球场为上海申花俱乐部主场，因此作为上港俱乐部主场的上海浦东足球场应与上海虹口足球场体量相当；再次，考虑到上港俱乐部的平均上座数为 2 万多人，建设 3.7 万人容量的球场可以在一定程度上保障球场赛后上座率，避免前期投资浪费；最后，上海已经有多座大型的综合型体育中心，与其他城市将球场定位为综合型体育中心不同，上海浦东足球场作为专业型球场，球场容量必须结合实际谨慎考虑。综合以上几点原因，最终确定上海浦东足球场的座席数量为 3.7 万座。同时，HPP 建筑设计事务所作为设计方表示，在决策座席数量过程中，政府的决策过程相对封闭，因此，在考虑球场赛后运营设计时存在很多现实壁垒。

在上海浦东足球场的规划初期，设计方已前瞻性地预留了商业空间，以支持后期的多元化商业开发，如餐厅、俱乐部商店等。然而，当世俱杯考察团队对球场进行考察时，他们提出的一个关键问题是球场座位数不足。为了响应这一需求并确保赛事顺利进行，设计方不得不调整原有规划，将原本预留的商业空间用于增加座席。这一调整虽然满足了赛事的座位数需求，但不可避免地导致了赛后预留商业空间的不足，原本规划中的那些有利于多元化商业开发的设计，最终未能实现，这也凸显了在大型场馆规划中平衡赛事需求与长期商业价值的复杂性。

（2）运营前置情况

上海浦东足球场运营管理有限公司是由上港集团与久事集团携手成立的企业，其中上港集团以 3000 万元的投资额持有 60% 的股份，而久事集团则以 2000 万元的投资额持有 40% 的股份。尽管这座球场主要由通过国家发展改革委审批后的财政资金建造，但在实际运营中，关键的设施设备，如大屏幕、飞猫系统及转播系统等均由这家合资公司自行投入。因此，原先设想的轻资产运营模式转变了重资产运营模式，运营公司承担了更大的经济压力。

从长期规划来看，上海浦东足球场的服务对象主要聚焦于俱乐部球队，随后是国家队赛事，而面向公众的开放服务则排在较靠后的位置。鉴于国内缺乏完全由民营机构投资建设的球场先例，目前大多数球场的运营仍然依赖国家财政或大型国有企业的支持。除了为上港俱乐部提供场地和相关服务，其他赛事活动在运营总业务中的占比可能仅为 30%，这表明在赛事开发方面目前的规划尚显不足。

在商业化运营方面，除去办公区域和 VIP（Very Important Person，贵宾）区域后，球场的商业辅助面积和可利用面积相对有限。VIP 包厢数量仅为 23 个，且由于球场与多家银行、公司存在商业合作，VIP 包厢的使用在盈利方面并未展现出太多空间。为了丰富球场服务，运营公司计划在底层商业空间引入餐饮及壁球、击剑等相关业态，但受限于底层空间的有限性，这些计划在实际操作中遇到了不少困难。例如，原本计划引入的米其林一星餐厅，因场地无法满足其备餐空间的要求而未能实现。此外，球场目前的冠名权由上海汽车集团股份有限公司（以下简称上汽集团）拥有，但由于上汽集团近年业务变动，双方可能需要就冠名费用进行再次商议。这一变化可能会对球场的运营产生一定影响，但具体影响还需根据实际情况进一步评估。

2.1.3.2 成都凤凰山足球场

（1）球场设计情况

成都凤凰山足球场位于成都市主城区，于 2021 年 3 月竣工，是《成都市"十四五"世界赛事名城建设规划》中的重点项目，同时也是第 31 届世界大学生夏季运动会足球比赛场地、中超联赛成都蓉城足球俱乐部主场。成都凤凰山足球场采用 TOD（Transit-Oriented Development，以公共交通为导向的发展）模式，其主要理念是以交通站点为中心，以 400～800m 为半径建立中心广场，依托地铁交通的便捷性，实现球场和商业综合体的联动。赛事期间，观众可以通过接驳车到达，非赛事期间又可以通过地铁和自驾到达，球场通过对赛时和赛后交通的兼顾，能更好地将人群引入产业业态中，形成产业集聚，促进经济可持续发展。

在具体建设方面，球场的屋顶面积约为 2.4 万 m^2，为了打造通透、平整的屋顶形态，设计方选用了 ETFE（Ethylene-Tetra-Flour-Ethylene，乙烯-四氟乙烯共聚物）材料，这种高分子化学材料耐热、耐化学、耐辐射，还有较好的绝缘性，对于增强内场体验感和降低草坪养护成本都有一定的帮助。在看台的设计中，受限于平台层标高的制定（7m），如果采用常规的设计，则场内下层看台排数较少，易导致上下层的比例失调。因此设计方采用了另外一种模式，即升高下层看台，使其越过 7m 标高层，把辅助用房、卫生间等放入底部空间。为了营造看台氛围，设计方参考了多特蒙德威斯特法伦球场和托特纳姆热刺球场，在场内设置了超级粉丝看台，同时还在这个区域设置了电动伸缩的看台，可以进行舞台的搭建。

（2）运营前置情况

成都凤凰山足球场是一座集体育、商业和休闲于一体的现代化场馆，其最显著的特点是天府俱乐部的设立。俱乐部基于"体育无边界"的概念，独立于球场空间之外，为球迷和市民提供了丰富的体验。在设计初期，设计方就充分考虑了球场的多元化需求，规划了包括体育用地、集中的商业配套、住宅等在内的 4 个主要用地。随着方案的深化，为了满足业主和运营方的需求，设计方特意增加了集中商业区，这不仅为球场的未来经营提供了强有力的支持，还通过内部商业连接形成了丰富的商业业态。球场与配套商业、地铁站点等设施的联动设计，进一步提升了球场周边区域的商业价值。同时，在上层看台的后部，设计方预留了平台，这些平台在未来可以根据需要进行多功能改造，如搭建活动看台等。在没有搭建时，这些平台则有助于球场进行轻量化的运营。

考虑到成都这座城市休闲、爱娱乐的文化氛围，设计方还特别在北侧看台转角区域设置了沙发椅，采用多排合一排的方式，为家庭休闲和团体观赛提供了理想的场所。此外，为了应对未来可能出现的更高频次和更稳定的赛事周期，球场在设计上预留了多样化的运营可能性，通过适度超前的弹性设计，确保球场能够灵活应对各种赛事需求。在智能化方面，成都凤凰山足球场采用了智慧球场设计，实现了设备层面的集中管理，这不仅有助于降低馆内能耗，还提升了整个场馆的运营效率。

目前，成都凤凰山足球场由成都城投万馆体育文化发展有限公司负责运营，已成功举办了多项大型赛事和活动，如2021中国足协杯决赛、2022赛季中国三人篮球联赛等。作为第31届世界大学生夏季运动会足球比赛场地和中超联赛成都蓉城足球俱乐部的主场，成都凤凰山足球场已成为成都乃至全国知名的体育地标。此外，在《成都大运会共建共享惠民行动方案》的推动下，凤凰山体育公园积极开展了大运场馆"探馆日"活动，并开发了大运主题的研学产品，将赛事与文旅相结合，为市民和游客提供了多业态的消费场景。

2.1.3.3 青岛青春足球场

（1）球场设计情况

青岛青春足球场占地306亩（1亩≈666.67 m^2），建筑物占地19.6万 m^2，拥有完善的基础设施，其中包含1个标准的足球场、1座综合性的运动馆、1座室内外温泉、2块运动区、2000个停车位和1块地底商业区。球场在设施设备、球场视角、智慧化建设等方面的设计均体现出专业足球场的独特性和专业性，不仅在设计时将球场四面切角，还使用了ETFE膜来提升球场的透光率，在促进球场通风的同时，还可以有效调节场内湿度、热度，改善场内草坪生长环境，降低草坪养护成本。此外，球场十分注重提升观赛体验，在进行座席设计时细化了座次排列，保证了视线质量，采用了人性化的设计思路，确保为观众提供安全舒适的观赛体验。同时，为顺应智慧化发展的趋势，球场安装了智慧化系统，搭建了基础设施、智慧平台、设备应用和终端建设等多种智能化技术平台，通过新技术的引进和应用，球场不仅能够轻松地对后台进行管理，还能够对整个场馆的运营状态进行全面的监测，确保比赛的顺利举办。

（2）运营前置情况

青岛青春足球场充分考虑到赛时及非赛时的运营需求，并且结合当地的文化、旅游、教育等特色，植入了多种业态，如多功能训练厅、游泳池、健身培训中心、球迷服务中心、美食街等，建立了一个完整的、可持续发展的绿色生态系统，打造出集比赛、休闲、娱乐、餐饮、购物、康复等多种活动于一身的体育服务综合体，让更多的人能够享受到优质的比赛、休闲、娱乐等服务，以此来吸引不同年龄层和不同体育需求人群，提升片区人气，保证其未来具有可持续发展的活力。

球场为了吸纳中超球队——青岛足球俱乐部入驻，在球场规划初期就与其建立了联系，除了为其提供高标准的足球场地，还规划了足球纪念品商店、足球博物馆、足球文化展厅等一系列俱乐部球迷配套设施。2022 年，中建八局投资公司成功中标青岛青春足球场项目，获得了球场 10 年的运营管理权，计划把青岛青春足球场塑造成为体育文化交流的新展厅、新地标，重点提升足球文化影响力，打造体育产业优势项目。

2.1.3.4　重庆龙兴足球场

（1）球场设计情况

重庆龙兴足球场作为 2023 年亚足联亚洲杯比赛场馆之一，亦是重庆首座专业足球场，选址于重庆郊区——两江新区龙兴片区，距离重庆市区大约 40km。球场由重庆两江新区开发投资集团有限公司投资 19.5 亿元建造，可容纳 6 万人，是国内规模较大的超大型球场。在设计过程中，中国建筑西南设计研究院（以下简称西南院）的设计师将球场设计方案取意为"火凤凰"，在球场规划、景观设计和建筑设计中融入了汇聚、旋转、上升等流畅曲线的元素，以此体现重庆火辣的生活方式、火红的发展势头及火热的足球激情，塑造与城市气质、足球文化相呼应的独特城市地标，展示独具特色的城市文化。

重庆龙兴足球场的功能布局较为合理，不仅拥有高标准的足球场地，还配套建设较多辅助空间，如运动员区、媒体区、贵宾及包厢区、竞赛管理区、场馆运营及车库区、观众区、商业区等多种功能区，用于完善主体设施功能，并与主体设施一同构成传统场馆区域的完整结构。同时，还建设了一批附属商业空间，如餐饮区、酒店等，用于解决场馆的赛时和赛后利用问题，提升片区吸引力。

（2）运营前置情况

西南院在重庆龙兴足球场的看台设计中，充分考虑了亚足联亚洲杯球场建设的客观标准及球迷的主观体验。首先，根据客观标准，球场在设计时确保了所有座席均位于国际足联规定的 190 m 最大视距内，以保证观众拥有清晰的视野。更进一步地，有 47.5% 的座席位于国际足联建议的 90 m 最佳视距内，这一设计不仅优于国内现有及在建的同等规模球场，也确保了四周观众都能获得极佳的观赛体验。其次，在提升球迷主观体验方面，球场采取了创新的设计，修建了下沉式足球场，使得足球比赛场地低于室外地面。这一设计在保障良好观赛视线的同时，有效拉近了观赛席和球场的距离，让球迷们感觉更加亲近比赛。此外，下沉式设计还增加了观赛座席的数量，为球场带来了额外的收入。最后，为了营造更加热烈激昂的赛事氛围，球场在南看台特别打造了一个超过 9000 座的主队超级粉丝看台。这是目前国内最大的主队超级粉丝看台，球迷们可以在这里形成大型的字母、国旗、人浪等，为比赛增添更多激情和活力，提升球迷对于球场的归属感，进而可以增强球迷的消费黏性。

为提升未来承接国际赛事的能力，重庆龙兴足球场设计了足球专有的场地设施，如无跑道内场、主客队球员更衣室、球员通道、球迷通道、运动员热身走廊、给排水设施、草坪喷灌系统等。同时，球场外部规划建设了"T"字形下穿道，不仅有助于合理疏散大型赛事期间的人群，还可用于开展形式多样的活动，如城市庆典、商业路演、流行音乐节、马拉松起跑、广场舞、街头篮球等，进一步提升了球场承接小型赛事和活动的能力。

2.2　影响球场赛后利用的主要因素分析

根据文献调研、专家访谈及对部分球场赛事使用情况的网上调研与比较分析，结合对国内亚足联亚洲杯球场的实地调研与专家访谈，影响球场赛后利用的因素主要有以下几个方面。

2.2.1　核心因素：球场区位因素

区位因素可分为自然因素、社会经济因素和技术因素，球场区位因素是影响其赛后利用的核心因素。若球场区位条件差，则会对球场运营产生不可逆的不利影响。球场区位因素对球场赛后利用的影响主要包括以下几点。

第一，社会经济发展状况。球场所在城市的社会经济条件会对球场赛后利用产生重要影响，若社会经济发展情况较差，会抑制居民观赏赛事、参与休闲娱乐活动的需求。例如位于巴西玛瑙斯的亚马逊体育场，玛瑙斯虽建设有南美最大的自贸区，但受交通限制且开发时间较晚，巴西西北部与东南沿海地区相比，经济发展落后，贫富悬殊。经济状况不佳导致亚马逊体育场运营困难，常年处于亏损状态。

第二，经常参加体育锻炼的人口比例及体育氛围。当经常参加体育锻炼的人口比例不足时，体育场馆将难以得到充分使用，而体育氛围的薄弱也会降低居民对体育消费的热情。以巴西国家体育场为例，这座位于巴西首都巴西利亚的体育场，尽管在巴西世界杯期间作为投资额较大的球场备受瞩目，其在赛后的运营状况却不尽如人意。巴西利亚作为一座因政治原因新建的城市，缺乏深厚的历史底蕴和文化积淀，这在一定程度上影响了其体育氛围的形成。因此，巴西国家体育场在赛后主要被一支低级别球队使用，场均观众人数较少。更为遗憾的是，球场的广场部分甚至被用作公交车停车场，其利用状况令人叹息。相比之下，位于俄罗斯喀山的喀山竞技场则展现出了较好的运营效果。这主要得益于喀山作为俄罗斯的"体育之都"所拥有的浓厚体育氛围。喀山是俄罗斯除首都莫斯科外举办体育赛事最为频繁的城市之一，体育产业的发展已成为其探索的发展之道。因此，喀山竞技场全年都能举办多场体育赛事，吸引了大量市民前来观赛。这不仅提高了球场的使用效率，还带动了城市的体育消费，形成了良性循环。

第三，球场所处的位置及其与城市中心的距离。球场在城市中的位置对其赛后利用有着显著影响。这一影响主要体现在球场与城市中心的距离，以及周边的基础设施建设上。位于城市中心的球场，因其周边人口密集、商业繁荣、配套设施完善，通常更易于实现赛后的多元化利用。例如，韩国首尔世界杯体育场就是一个典型。它位于首尔市西北部的上岩地区，地理位置优越，交通便利，与首尔地铁 6 号线相连，使得观众可以轻松到达。此外，球场周边业态丰富，如麻浦农水产市场、世界杯公园等，这些设施与球场相辅相成，共同构成了居民生活休闲的主要场所，使首尔世界杯体育场在赛后利用上成为典范。

相对而言，位于城市边缘的球场则面临着更大的挑战。这类球场通常地理位置较为偏僻，周边人口较少，基础设施建设也相对薄弱，这在一定程度上限制了其赛后的利用潜力。以俄罗斯萨马拉的萨马拉竞技场为例，它位于萨马拉市中心以北 15 km 处，地理位置偏远，且交通可达性不高。虽然该市有 50 路和 1k 路公交车分别经过球场西边的 Demokraticheskaya 大街和东边的 Moskovskoye 大街，但两处站点距离球场都较远，没有直达球场的公共交通，给观众前往观赛带来了不便。这种不便直接影响了球场的上座率，如萨马拉竞技场的租户苏维埃之翼队主场比赛的上座率仅为 42.7%，显示出其赛后利用效果不佳。

2.2.2 前提条件：球场前期设计规划

球场前期设计规划是影响球场赛后利用的前提条件，根据全生命周期理论，球场前期设计规划是球场全生命周期的开端。若前期设计规划得当，则有利于球场的赛后使用；若前期设计不当，则可能导致球场赛后难以进行可持续使用。球场前期设计规划主要包括球场规模控制、球场空间设计和球场硬件设施条件三部分。

第一，球场规模控制。为达到世界杯比赛办赛标准，主办国通常需配套规模较大的球场数十座，这些球场在世界杯赛事举办期间能保证较高的上座率，然而进入赛后利用阶段，部分承办城市因人口有限，并不需要配套如此大规模的比赛场馆，造成赛时与非赛时需求严重不匹配。例如日本横滨日产体育场、南非开普敦绿点球场、俄罗斯加里宁格勒体育场等，在世界杯结束后上座率均不高，与其设计规模相比出现较大差距。为此，部分球场采用增加活动或临时座席的方式满足世界杯办赛需要，在赛后将其拆除，以便球场进入赛后使用阶段，满足赛后运营需要，从而提高球场在赛后的使用效率。

第二，球场空间设计。球场空间设计包括比赛场地设计、看台设计、功能用房设计、球场外部空间设计等，设计原则为既要满足比赛的需要，也要满足赛后多元利用的需要。一方面，对于赛场空间的设计需考虑是否能够兼容多种比赛内容，提高球场的兼容度。例如日本札幌穹顶体育场，通过安装可移动草坪，既满足了足球赛事的需要，又满足了高水平棒球赛事的要求。另一方面，对于非比赛场地的空间设计，要考虑到赛后多元利用的需求，协调好体育与观光、购物、餐饮等业态的关系。例如，德国慕尼黑安联球场在设计阶段就已经把俱乐部博物馆规划其中，预留出足够空间，以满足赛后经营活动的需要。

第三，球场硬件设施条件。球场硬件设施条件对于球场赛后成本控制和创收具有重大影响。若硬件设施条件较差，不仅需花费大额成本对设施进行维护和更新，也会造成能耗等支出过高，不利于节约运营成本。同时，硬件设施条件对提高观众黏性也有较大影响，若体验不佳，则很容易造成观众流失。德国慕尼黑安联球场持续加强信息化建设，为提升球迷观赛体验，球场引入 5G 网络，在球场范围内架设 11 根 5G 天线实现信号覆盖，5G 技术布局将大幅优化实时视频播放质量，同时支持球迷以 5G 设备体验 AR（Augmented Reality，增强现实）、VR（Virtual Reality，虚拟现实）技术。智慧场馆建设使得球迷在现场观赛时可以获得比电视转播观赛更优的体验，观众会因更优的观赛体验而选择来现场观赛，提高观众对球场的黏性，有利于赛后经营效益的提升。

2.2.3 重要原因：国内职业联赛发展水平

大型赛事承办球场在赛后继续承接足球赛事是其主要功能，也是解决球场赛后利用问题的重要方式，其中，我国职业足球联赛因具有规模大、周期长且赛季稳定等特点，成为世界杯球场力图引入的重要内容。纵观 5 届世界杯赛事，各届组委会均在赛后把吸引职业足球俱乐部入驻作为重要工作，然而球场利用效果却大相径庭，其主要原因在于各国职业联赛发展水平不一致。若本国职业联赛发展水平高，则球场使用效率较高，反之球场使用效率较低（表 2-6）。

表 2-6　2013—2018 年世界杯主办国联赛场均上座人数统计表

国家	联赛	级别	场均上座人数
德国	德甲联赛	1 级	43302
德国	德乙联赛	2 级	18814
日本	J1 联赛	1 级	18227
巴西	巴西甲级联赛	1 级	17402
俄罗斯	俄超联赛	1 级	11650
韩国	K1 联赛	1 级	7104
日本	J2 联赛	2 级	6892
德国	德丙联赛	3 级	6427
南非	南非超级联赛	1 级	6345

资料来源：CIES（足球天文台）。

职业联赛的发展水平是一个综合体现，它涵盖竞技水平的高低、联赛运行机制的完善程度、商业化运作模式的成熟度及体育文化传统的深厚与否等多个方面。以德国为例，其职业联赛在世界范围内享有盛誉，不仅竞技水平高，联赛体制也相当完备。德国拥有五级职业联赛体系，各级联赛之间通过升降级制度紧密相连，形成了一个动态而有序的竞争环境。特别是德国足球州级联赛，作为整个职业联赛金字塔的基石，为整个体系提供了坚实的支撑。在商业化运作方面，德国职业联赛同样表现出色。其市场开发成熟，运营收入多元化，包括转播权分成、比赛日门票收入、场馆冠名权收入等。这些多元化的营收渠道确保了俱乐部良好的经营状况，为俱乐部的可持续发展提供了强大的动力。此外，德国拥有深厚的足球文化传统，观看职业足球比赛已经成为国民日常生活的重要组成部分。球场上座率持续保持高位，部分顶级俱乐部如拜仁慕尼黑俱乐部（以下简称拜仁）的场均上座率甚至高达98%。这些因素的综合作用，使得德国的职业联赛蓬勃发展，不仅提升了世界杯球场的使用效率，还促使俱乐部因丰厚的收益而更愿意承租球场，为球迷提供更高品质的观赛体验。德国职业联赛的成功，无疑是一个多方面的综合成果。

反观其他几届赛事，日本、韩国、南非、巴西、俄罗斯要么属于足球发展中国家，竞技水平虽然不错，甚至很高，但由于国内职业联赛体系不够发达，对于球场赛后利用难以提供有力支撑；要么囿于国家经济能力，即使足球氛围浓厚，但较为薄弱的经济实力也难以推动职业联赛快速发展。

韩国承办世界杯的 10 座球场中，在赛事结束后 7 年内均迎来了长期租户，但本国 K 联赛水平不高，对球迷的吸引力不足。根据德国转会网数据，2018 年 K 联赛场均观众数量仅为 5439 人，远低于中超和日本 J 联赛，以致球场利用率较低。巴西则囿于国内经济环境状况不佳，虽然贵为足球王国，但其国内联赛商业价值不高，俱乐部运营困难，在世界杯结束后，弗鲁米嫩塞和弗拉门戈等俱乐部都曾有意接管巴西世界杯的球场，但因难以承受高昂的租金而选择其他更为便宜的球场。

将职业联赛融入球场赛后利用体系是世界杯各主办国遵循的基本规律，但只有高水平的职业联赛才是球场赛后利用的有效支撑，有利于保证球场赛后的使用率。

2.2.4 关键环节：球场自我造血能力

大多数球场由国家财政投资建设，表现出较强的国家意志，在赛后，部分球场仍旧以财政资金作为维持球场正常运营的主要途径，主动创收能力不足，缺乏自我造血能力。例如位于南非伊丽莎白港的纳尔逊·曼德拉海湾球场，该球场建设成本高达 2.1 亿美元，却并未由一支具有影响力的职业球队使用，日常上座率低，且因历史底蕴不足而难以吸引游客前来观光游览，导致其运营困难。当地大学研究数据显示，该球场年维护成本为 650 万美元，运营收入却不足 520 万美元，其亏损给地方财政带来沉重负担。位于巴西首都巴西利亚的巴西国家体育场造价近 6 亿美元，根据巴西 UOL 网统计，该球场赛后月均运营费用需 90 万美元，但年收入不到 100 万美元，亏损也都由当地政府承担，为此，当地政府决定把球场周围打造成公交车停车场，并将部分政府办公室搬入球场内，从而维持球场运营。

世界杯承办球场在赛后只有通过丰富的内容运营实现自我造血，摆脱单纯依靠外部输血的生存模式，才能实现球场可持续运营。例如德国世界杯球场，依赖高度发达的职业体育，除比赛日收入外，还通过出售冠名权等无形资产开发为球场带来丰厚的收入。在日本，因贯彻指定管理者制度而引入专业场馆运营商进行球场运营，为球场带来丰富的体育娱乐资源，保证其使用效率。

球场若缺乏自我造血能力，只依靠外部输血，则即使运营成本再低，也存在资金断供的可能性。为此需通过多元方式增强球场造血功能，如引入多元业态、发展竞赛表演业、加强无形资产开发、发展"体育+""+体育"等相关业态。

2.2.5 重要因素：球场建设投融资模式

球场建设投融资模式主要包括政府财政主导型、混合型和私人资本主导型三类，这三类投融资模式对球场赛后利用将产生重要影响。

申办大型赛事通常为国家行为，国家意志在其中发挥了重要作用。球场建设作为赛事筹备工作中的重要内容，由于球场投资额普遍较高、覆盖范围较广，政府财政主导型投融资模式成为 21 世纪以来历届世界杯球场建设的主要模式。然而，由于不追求投资回报，政治倾向较为明显，且未引入市场机制，由财政资金投资建设的球场对于赛后利用考虑不足，在赛后运营上缺乏灵活性，造成盈利能力不足；同时，政府每年还需投入大量资金对现有球场进行维护，给财政造成额外负担，进而增加了纳税人缴税压力。例如俄罗斯世界杯，作为典型的政府主导型投融资模式，根据俄罗斯体育部相关报告，该届赛事建设成本高达 171 亿美元，赛后，俄联邦政府还从联邦预算中提供预算拨款，以资助伏尔加格勒、顿河畔罗斯托夫、萨兰斯克、萨马拉、加里宁格勒、下诺夫哥罗德和叶卡捷琳堡的球场的运营，这对本就陷入财政危机的联邦财政来说无异于雪上加霜。

财政与私人资本合作的混合型投融资模式在世界杯球场投融资中运用也较为广泛，该模式具有一定的优越性。一方面，球场在建设中能享受到政府的政策和财政支持，不仅降低了融资风险，同时也能够维护公众利益；另一方面，私人资本因其逐利性，球场在设计阶段充分考虑后期运营，赛后能够快速投入市场化运营中，自负盈亏，提高运营效率。例如德国世界杯承办球场，PPP 模式的广泛运用使得部分球场在赛后由企业进行运营，除体育本体产业外，零售、娱乐、餐饮等多元业态被引入球场中，使得球场使用功能得到了最大限度的利用（表 2-7）。

表 2-7　德国世界杯承办球场所有权及运营权归属情况

所在城市	球场名称	所有权归属	运营权归属
柏林	柏林奥林匹克体育场	柏林奥林匹克体育有限公司	WALTER BAU-AG/DYWIDAG
莱比锡	莱比锡中央体育场	市政府	市政府
慕尼黑	慕尼黑安联球场	拜仁慕尼黑股份公司	慕尼黑安联球场有限公司
多特蒙德	多特蒙德威斯特法伦球场	多特蒙德俱乐部	多特蒙德俱乐部
法兰克福	法兰克福商业银行体育场	法兰克福沃尔德施塔迪翁项目开发公司	法兰克福体育场管理有限公司
盖尔森基兴	盖尔森基兴费尔廷斯竞技场	沙尔克 04 俱乐部	沙尔克 04 俱乐部
汉堡	汉堡英泰竞技场	汉堡俱乐部	汉堡俱乐部
斯图加特	斯图加特梅赛德斯奔驰竞技场	市政府	市政府
纽伦堡	纽伦堡法兰克人体育场	市政府	市政府
汉诺威	汉诺威 HDI 竞技场	市政府	市政府
凯泽斯劳滕	凯泽斯劳滕弗里茨·瓦尔特体育场	州政府	州政府
科隆	科隆莱茵能源体育场	市政府	市政府

资料来源：作者根据公开数据整理。

欧洲五大职业足球联赛商业化程度高，单纯的私人资本主导型投融资模式在欧洲职业联赛赛场上有较多运用，但是该模式在世界杯球场的运用实例并不多见。该模式的特点主要表现在球场建设完全由私人资本投资完成，资本因其逐利性在赛后广泛拓展经营渠道，着力提高球场经营能力，不给政府财政带来额外负担，但因投资数额过大，普通企业难以承受其费用，从而导致该模式在世界杯球场的投资建设上运用并不广泛。例如，德国慕尼黑安联球场总额 2.8 亿欧元的建设费用由拜仁和慕尼黑 1860 俱乐部共同承担；巴西圣保罗的科林蒂安竞技场由科林蒂安俱乐部投资建设，其中 4 亿雷亚尔费用由俱乐部向银行借贷获得；俄罗斯的莫斯科斯巴达克体育场由莫斯科斯巴达克俱乐部所有者列奥尼德·费顿私人出资 4.26 亿美元投资建设。

2.3　我国球场赛后利用面临的困境

根据对原 2023 年中国亚足联亚洲杯承办球场的实地调研与专家访谈，结合当前我国体育场馆发展状况与存在的问题，总结出我国球场在赛后利用方面可能存在以下困境。

2.3.1　资金来源渠道较为单一，政府财政资金占比过大

统计数据显示（表 2-8），我国为亚足联亚洲杯建设球场的资金来源呈多元化趋势，包括财政资金投资、地方政府融资平台投资、国有企业自筹投资和 PPP 模式投资。然而，若根据比例计算，采用 PPP 模式投资建设的项目仅有新北京工人体育场 1 项，占比仅为 10%；采用国有企业自筹投资建设的有天津滨海足球场和苏州昆山足球场，占比为 20%；其余 7 个项目或为财政资金投资建设或为地方政府融资平台投资建设，占比高达 70%。可见，原亚足联亚洲杯承办球场投资建设结构仍旧以财政投入或背靠地方政府的融资平台为主，并未调动民间资本投资的积极性。

表 2-8　原 2023 年亚足联亚洲杯承办球场投资模式及投资总额

所在城市	球场名称	投资模式	项目投资总额/亿元
北京	新北京工人体育场	PPP 模式	61.45
天津	天津滨海足球场	国有企业自筹	4.00
上海	上海浦东足球场	政府财政拨款	18.07
重庆	重庆龙兴足球场	财政资金、地方政府融资平台	19.50
成都	成都凤凰山足球场	地方政府融资平台	不详
西安	西安国际足球中心	地方政府融资平台	23.95

续表

所在城市	球场名称	投资模式	项目投资总额/亿元
大连	大连梭鱼湾足球场	政府财政拨款	16.20
青岛	青岛青春足球场	地方政府融资平台	21.80
厦门	厦门白鹭体育场	政府财政拨款	不详
苏州	苏州昆山足球场	国有企业自筹	16.12

资料来源：作者根据公开数据整理。

政府财政投入大量资金建设球场，一方面，在我国国民经济增速呈现放缓态势的背景下，无疑会加大政府财政压力；另一方面，使得球场发展受制于地方财力，若地方财力有限，在无上级政府转移支付的条件下，球场难以实现长期发展。若地方政府通过政府投融资平台向社会举债的方式建设球场，从法律偿还责任上来讲，地方投融资平台债务属于地方政府隐性债务，平台公司债务积累仍会给地方经济及政府带来风险。因此，从本质上来讲，这两种投资模式均会对地方财政构成风险，也会导致球场在赛后开发过程中受资金不足的掣肘，难以实现长期健康发展。

2.3.2 新建球场建设规模过大，短期需求与长期需求不匹配

根据国务院办公厅印发的《方案》，我国将在未来积极申办国际足联男足世界杯。虽申办工作尚未开始，但我国的基础建设工作已提前谋划，在球场建设方面已将目标瞄准为未来举办世界杯赛事。因此，为亚足联亚洲杯而建的球场在规模控制上均以世界杯申办条件为标准，体量较大，10 座球场中座席大于或等于 6 万座的超大型球场数量高达 6 座，其中不乏西安、厦门等目前并无中超联赛球队的城市的球场，这一数字超过 21 世纪历届世界杯主办国的超大型球场数量（表 2-9），而座位数少于 4 万座的球场仅有改建的天津滨海足球场和新建的上海浦东足球场 2 座（表 2-10）。

表 2-9 历届世界杯球场规模

历届世界杯	球场数量/座	座席大于或等于 6 万座球场 数量/座	平均座位数
2002 年韩日世界杯	20	4	48000
2006 年德国世界杯	12	4	52000
2010 年南非世界杯	10	4	58000

续表

历届世界杯	球场数量/座	座席大于或等于6万座球场数量/座	平均座位数
2014年巴西世界杯	12	5	55000
2018年俄罗斯世界杯	12	2	48000
2022年卡塔尔世界杯	8	2	47500
2023年中国亚足联亚洲杯	10	6	54000

资料来源：作者根据公开数据整理。

表2-10　原2023年中国亚足联亚洲杯承办球场规模

所在城市	球场名称	座位数（平均数≈54000）
北京	新北京工人体育场	68000
天津	天津滨海足球场	37000
上海	上海浦东足球场	35000
重庆	重庆龙兴足球场	60000
成都	成都凤凰山足球场	60000
西安	西安国际足球中心	60000
大连	大连梭鱼湾足球场	63000
青岛	青岛青春足球场	50000
厦门	厦门白鹭体育场	61000
苏州	苏州昆山足球场	45000

资料来源：作者根据公开数据整理。

　　球场虽因赛而建，但其规模也应考虑到大赛结束后的有效利用。职业体育模式是专业足球场赛后利用最为有效的模式，球场无须过多改造就能投入职业联赛的使用中。以中超联赛和中甲联赛为例，2019赛季中超联赛场均上座人数为25383人，中甲联赛场均上座人数为8636人。若以此上座人数为标准，则可以认为新建的球场在上座率方面将不太乐观，球迷观赛需求远低于球场供给，在球场运维成本一定的情况下，将会造成球场营收困难。值得注意的是，在10座承办城市中，厦门市尚未成立职业足球俱乐部，因此其61000座的体育场在赛后无法拥有长期租户入驻，加大了其运营压力。

　　与德国、俄罗斯等国的世界杯球场相比，我国球场普遍存在韧性设计不足的问题。以德国、俄罗斯世界杯球场为例，德国的多特蒙德威斯特法伦球场在国际比赛期间通过安装可移动座椅改站席为座席，以满足国际比赛要求；俄罗斯下诺夫哥罗德球场在世界杯结束后将座位数减少至1万座左右，以适应赛后运营需要。上述球场韧性设计较强，通过增设临时看台或可移动座椅的方式满足不同情况的使用需求。反观我国新建球场，除厦门白鹭体育场可通过移动一层看台座椅转换为综合性体育场外，其他球场均建设为固定座席，难以进行赛后座席数量调整，由此造成座位闲置、空间浪费等问题。

总之，我国新建球场虽能满足世界杯及亚足联亚洲杯的承办需求，但其规模较大，在赛后难以实现较高的上座率，体现出承办大赛的短期需求与赛后使用的长期需求不相匹配的特点。

2.3.3 职业联赛水平有待提升，俱乐部参与球场运营不足

中国男子足球正处于历史低谷期，各级国家队成绩不理想，与世界足球强国之间的差距进一步拉大。此外，职业体育模式作为球场赛后可持续利用的重要方式，我国职业联赛发展却遇到瓶颈，表现在以下方面：一是职业联赛水平较低，联赛管理体制和运行机制不健全，虽已成立职业联盟，但其对联赛的影响不够；二是职业俱乐部股权结构较为单一，未形成独立的市场主体地位，俱乐部自我造血能力过弱，严重依赖母公司输血，未建立可持续性的盈利模式，从而导致近年来20余家俱乐部退出职业联赛。我国职业联赛不论是在管理层面还是在竞技层面都有较大的提升空间，但现阶段若不尽快理顺职业足球管理体制，增强联赛竞争性和观赏性，将很难依托职业足球俱乐部促进新建球场的有效利用。

同时，在职业体育模式中，球场作为职业俱乐部开展经营活动的主阵地，是俱乐部收入的重要渠道，若这一渠道不通畅，则会对俱乐部运营造成困难，反过来限制球场使用，会形成恶性循环。现阶段，我国职业俱乐部对于球场运营参与不足，一方面表现为俱乐部多以短期租赁的形式租用球场，难以参与到球场的日常运营中。例如，江苏苏宁队曾因南京奥体中心体育场举行演唱会而无法按期使用球场。另一方面表现为球场规划设计时对俱乐部的考虑不足，以致赛后商业开发受阻。在已建球场中，仅有新北京工人体育场和上海浦东足球场事前考虑到俱乐部需求。例如，新北京工人体育场增设了1.5万座北京国安足球俱乐部忠实球迷看台，以提升球迷现场观赛体验；上海浦东足球场内则装饰有代表上海海港足球俱乐部的红色元素和雄鹰队徽元素，使得主场氛围更为浓厚。其余球场在规划设计时并未专门考虑俱乐部的需求，使球场部分设计与后期俱乐部运营需要存在

偏差，不利于主场氛围的营造和球迷观赛体验的改善。

2.3.4 内容建设较为缺乏，过度依赖租金收入

在国家政策的鼓励和支持下，体育场馆积极拓展运营范围，运营内容日趋多元，涵盖竞赛表演、休闲娱乐、体育旅游、商业零售、美食餐饮和展览展销等各类活动。虽然大型体育场馆运营内容逐渐丰富，但房屋租赁和场地出租收入仍是场馆收入的主要来源。例如，黄龙体育中心 2017 年总收入 1.32 亿元，其中商业租赁收入 6000 万元，占总收入的 45.5%；深圳湾体育中心全年商业租赁收入约 7000 万元，占总收入的 30%；南京奥体中心 2018 年商业租赁收入达 5000 万元，占总收入的 41.6%。在球场方面，上海虹口足球场作为国内运营较为成功的球场，其收入同样以场地出租为主，并未开展多元经营。大型体育场馆收入来源较为单一，在我国经济快速发展但通胀率持续走高的背景下，场馆收益不增反降，现有场馆以租赁为主的收入结构需要缴纳较多的房产税，增加了场馆的运营压力。

根据国际球场的运营经验，竞赛表演业尤其是职业联赛应是球场运营的核心产业，其附属的门票销售、无形资产开发等细分领域都应围绕竞赛表演业开展。然而，我国无论是职业联赛还是体育产业均存在起步晚、发展不成熟、市场开发不足等问题。现阶段，受限于大型文体活动资源的稀缺性，加之体育产业发展仍处于幼稚期，竞赛表演业尚不能成为球场收入的主体来源，球场体育内容建设亟须加强。除体育内容外，非体育产业包括休闲娱乐业、餐饮业、旅游业和会展业等多种运营内容则囿于球场性质、内部运营机制、政策限制等，开发尚不完善，非体育内容尚不能为球场运营带来充足收益。

2.3.5 对环境可持续发展考虑不足，绿色球场设计及建筑水平有待提升

在球场建设时，对施工过程中产生的建筑垃圾进行回收再利用，可以在一定程度上减少建筑材料的使用量，是建设绿色可持续球场、保护生态的有效措施。但由于国内并没有统一的废物管理要求，所以只有极少数球场会回收建筑废物进行利用。此外，由于国内政策的缺失和设计侧重点的不同，国内球场没有设置统一的绿色标准来要求球场的设计方和施工方，加上建设资金的来源是政府，为控

制投资成本，政府方易否决部分有利于球场可持续利用的创新性设计。例如，通过访谈了解到上海浦东足球场设计方曾试图将可持续设计理念融入球场设计，但受到了以下两个方面的制约：一方面，国内缺乏自上而下促进球场绿色发展的统一标准，如使用哪种玻璃、哪种建筑材料均没有具体规定；另一方面，球场投入资金有限，而使用绿色材料需要更多的资金投入。

3

世界杯球场建设与赛后利用经验

　　根据《方案》，我国将在未来积极申办国际足联世界杯等重大足球赛事。为承办好原定于 2023 年在我国举办的亚足联亚洲杯，北京、上海等 10 个城市按照立足当前、着眼未来的思路，以世界杯球场为标准，新建了一批高标准球场。然而，球场建设容易，运营却面临挑战，在建成后如何进行可持续运营是亟待解决的重要问题，尤其是在亚足联亚洲杯易地举办后，球场的赛后利用问题进一步凸显。为此，本研究系统梳理 21 世纪以来历届世界杯球场赛后利用的经验与部分不足，以期为我国球场的赛后利用提供经验借鉴与启示。

3.1　世界杯球场建设与赛后利用总体情况

　　自 21 世纪以来，国际足联世界杯足球赛已成功举办 6 届，纵观 6 届赛事，各主办国为保障赛事顺利进行，均提供数座高质量球场作为赛事场地（表 3-1），其中韩日世界杯球场数量最多，达 20 座，而卡塔尔世界杯球场数量最少，仅为 8 座，南非为世界杯提供了 10 座球场，德国、巴西和俄罗斯为世界杯提供的球场数量均为 12 座；在新建球场方面，韩国、日本为承办赛事提供了数量最多的新建球场，达 17 座，占比达 85.0%，而卡塔尔世界杯 8 座球场中有 7 座为新建球场，占比最高，达 87.5%；在改造球场方面，德国因其发达的职业联赛基础，基础设施较为完善，有 10 座球场经适应性改造后便在世界杯比赛中投入使用，改造球场占比为 83.3%，南非因成功举办过橄榄球世界杯及板球世界杯，球场设施基础较好，10 座球场中有 5 座为改造而成，占比为 50.0%，其余各届世界杯改造球场占比均不超过 50.0%；在球场容量方面，南非世界杯球场平均座位数最多，约为 58000 座，韩日、俄罗斯和卡塔尔世界杯的平均座位数均未超过 50000 座，其中卡塔尔世界杯球场平均座位数最少，为 47500 座；巴西世界杯拥有数量最多的超大型球场（座席超 6 万座），达到 5 座，俄罗斯和卡塔尔世界杯超大型球场数量最少，均仅为 2 座。

表 3-1　21 世纪以来历届世界杯球场建设总体情况

历届世界杯	球场数量/座	新建/座	新建占比/%	改造/座	改造占比/%	座席超 6 万座数量/座	平均座位数/座
2002 年韩日世界杯	20	17	85.0	3	15.0	4	48000
2006 年德国世界杯	12	2	16.7	10	83.3	4	52000
2010 年南非世界杯	10	5	50.0	5	50.0	4	58000
2014 年巴西世界杯	12	7	58.3	5	41.7	5	55000
2018 年俄罗斯世界杯	12	8	66.7	4	33.3	2	48000
2022 年卡塔尔世界杯	8	7	87.5	1	12.5	2	47500

资料来源：作者根据资料自制。

在球场赛后利用方面，借鉴丹麦学者提出的 SUI 指数对球场的赛后利用情况进行定量评估。结果显示，除卡塔尔世界杯外的 5 届赛事，仅德国世界杯球场 SUI 值大于 10.0，达 16.67，表示德国世界杯球场在赛后得到了有效利用；而韩日、南非、巴西和俄罗斯的世界杯承办球场在赛后利用方面均不理想，并未得到充分使用，其中南非世界杯球场 SUI 指数值为历届最低，仅为 5.16，这表明南非世界杯球场赛后利用状况最为糟糕（表 3-2）。

表 3-2　历届世界杯球场 SUI 指数值

历届世界杯	SUI 指数值
2002 年韩日世界杯	8.63
2006 年德国世界杯	16.67
2010 年南非世界杯	5.16
2014 年巴西世界杯	5.30
2018 年俄罗斯世界杯	6.66

资料来源：作者根据资料自制。

注：韩日、德国、南非为 2012 年数据，巴西为 2012 年预测值，俄罗斯为 2018—2019 年数据。

3.2 世界杯球场建设与赛后利用经验分析

3.2.1 多元筹措建设资金，减轻国家财政负担

为承办世界杯赛事，主办国需建设多座高质量的球场以供使用。21 世纪以来的 6 届世界杯比赛，各主办国分别投入了 20 座、12 座、10 座、12 座、12 座和 8 座球场，为达到国际足联办赛标准，这些球场或新建或改造，投入巨大，各国财政资金在球场建设投资中发挥了重要作用。然而，球场建设存在投资额巨大、赛后运营困难、闲置风险高等特点，若采用单一的财政投入则可能给国家经济带来巨大风险。纵观近 6 届赛事，球场建设资金来源虽然以政府财政投入为主，但 PPP 等投融资模式也得到了广泛运用。以德国世界杯球场为例，政府投资比重较小，约占 40%，民间资本投资占主导，政府以直接或间接的方式提供支持。例如，德国盖尔森基兴的费尔廷斯竞技场的建设资金全部来自私人投资；汉堡英泰竞技场由汉堡俱乐部投资建设，市政府仅提供了 0.11 亿欧元的扶持资金；慕尼黑安联球场则由拜仁和慕尼黑 1860 俱乐部共同投资修建。

此外，其他各主办国也通过各种方式促进民间资本参与球场建设。例如，韩国成立了国民体育振兴工团负责奥运会后的场馆运营，该组织参与了 2002 年世界杯韩国赛区主体育场的投资建设。韩国水原球场通过向球迷出售座位参与融资，花费 10 万韩元可以让球迷的名字永久性粘贴在座椅背后，4 万个座位销售一空，共筹集到 40 亿韩元。各主办国通过创新投融资方式广泛吸引民间资本参与球场建设，大大降低了球场在后期利用中的财务风险，有效减轻了国家财政负担，保证了球场在赛后的可持续利用。

3.2.2 实施可持续发展战略，打造绿色球场

为减少球场对环境的负面影响，部分赛事组委会秉持可持续发展理念，采取相关环保措施，力求打造绿色赛事（表 3-3）。德国世界杯组委会首次提出了"绿色目标"计划，其内涵是举办一届全面贯彻社会和生态环境可持续发展的世界杯，该计划从能源、水资源、废弃物和交通 4 个方面进行管理，最终目标为实现本届赛事对环境的零负荷。例如，在水资源节约方面，纽伦堡法兰克人体育

场在看台下安装有 3 个总容量约 1000 m³ 的混凝土雨水收集设施，以收集赛场、球场屋顶和道路广场的雨水，用于球场草坪及周边绿化灌溉。与此同时，国际足联也不断加强对环境保护的要求，从 2012 年开始，国际足联针对每届赛事均在其官网上发布可持续发展战略报告，内容包括应对气候变化、废物管理、球场可持续等。在球场建设方面，2012 年国际足联要求世界杯比赛球场均需获得可持续建筑认证；2014 年巴西世界杯首次使用国际认证的绿色球场；自 2018 年俄罗斯世界杯以来，国际足联已将绿色建筑认证作为所有正在建设或改造的国际足联世界杯官方球场的强制性要求。例如，2014 年巴西世界杯，6 座承办球场获得 LEED（Leadership in Energy and Environmental Design，能源与环境设计先锋）标准认证。以巴西国家体育场为例，该球场在设计过程中依据当地气候多风的特点，在球场外立面进行通风设计，通过吹入自然风使球场保持适宜温度，而非使用空调进行降温，同时该球场还配置太阳能系统，年发电量达 350 万 kW·h，满足球场用电需求。2018 年俄罗斯世界杯，所有球场均获得绿色球场认证。随着可持续发展和绿色发展理念的不断深入，各届世界杯组委会和国际足联高度重视球场的绿色发展，从设计之初就提倡使用环保材料，安装环保设施，以达到绿色建筑标准，这对于在赛后利用中减少能源消耗、打造环境友好型球场具有重要价值。

表 3-3　历届世界杯绿色球场建设认证情况

历届世界杯	认证数量/座	认证标准
2014 年巴西世界杯	6	2 座 LEED 认证体育场，4 座 LEED 银级场馆
2018 年俄罗斯世界杯	12	9 座通过 RUSO 标准（俄罗斯仅为足球场开发）认证，3 座通过国际建筑研究机构环境评估方法（BREEAM）
2022 年卡塔尔世界杯	5	全球可持续性发展评估体系（GSAS）认证五星级 3 座，四星级 2 座

资料来源：作者根据公开数据整理。

3.2.3　改造利用现有球场，降低球场建设成本

近 6 届世界杯东道主共提供球场 74 座，其中新建球场共 46 座，占比达 62.2%，除 2006 年德国世界杯外，其余 5 届赛事新建场馆占比均不低于 50%（表 3-4）。与新建球场相比，利用现有球场资源进行改造，建设成本相对较低，也能节约土

地资源。以德国世界杯为例，本届赛事为世界杯专门建设的球场仅有慕尼黑安联球场和莱比锡中央体育场 2 座，其中慕尼黑安联球场造价 2.8 亿欧元，高居各场馆之首，而改造的球场，如纽伦堡法兰克人体育场、汉诺威 HDI 竞技场、凯泽斯劳滕的弗里茨·瓦尔特体育场的改造费用分别为 0.56 亿欧元、0.64 亿欧元和0.48 亿欧元，其造价远低于新建球场。

表 3-4 历届世界杯球场新建和改造情况

历届世界杯	场馆数量/座	新建场馆数量/座	新建场馆占比/%	改造场馆数量/座	改造场馆占比/%
2002 年韩日世界杯	20	17	85.0	3	15.0
2006 年德国世界杯	12	2	16.7	10	83.3
2010 年南非世界杯	10	5	50.0	5	50.0
2014 年巴西世界杯	12	7	58.3	5	41.7
2018 年俄罗斯世界杯	12	8	66.7	4	33.3
2022 年卡塔尔世界杯	8	7	87.5	1	12.5

资料来源：作者根据公开数据整理。

对现有场馆进行改造也是对现有资源的重新配置与再利用，有利于城市体育文化的延续。以多特蒙德威斯特法伦球场为例，自 20 世纪以来，来自鲁尔矿区的多特蒙德球迷就习惯于在闲暇时光前往多特蒙德威斯特法伦球场站席观赛，利用90 min 的激烈比赛宣泄生活的压力。因此，自 20 世纪 70 年代建成以来，该球场无论如何更新换代，其南看台始终保留站席形式，传承着球迷文化，使得球场成为球迷的朝拜圣地，延续着城市的足球文化血脉。

3.2.4 赛后减少座席数量，降低球场运维成本

国际足联对世界杯球场容量有着具体的要求，但从球场可持续发展角度考虑，球场并非越大、座位数越多，运营效果就越好，反而建设规模适中的球场可控制建设成本，且在后期运维中成本也低于大体量球场，有利于提高球场使用效率，带来更优的运营收益。

包括卡塔尔世界杯在内的近 6 届世界杯，球场平均座位数呈现出先上升再下降的趋势，至 2022 年卡塔尔世界杯为新低（图 3-1）。这体现了主办国不再盲目追求球场容量之大，而是从赛后利用和运营层面考量，建设容量适中、结构合理的球场。除此以外，诸多球场采取更为灵活的设计方式，通过增设临时座椅以满足

世界杯期间的球场容量需求，而在赛后把多余的临时看台拆除，以便恢复到有利于俱乐部使用的球场容量。在历届赛事中，德国因其联赛允许站席存在，且其国内联赛市场火爆，观众人数极多，因此部分球场在世界杯后拆除座椅恢复站席，以增大球场容量。其余各届赛事均有部分球场赛后通过减少座位数量，以降低运维成本。例如，俄罗斯世界杯有 5 座球场在赛后拆除部分看台，减少座位数，以节约成本，其中下诺夫哥罗德球场把其座位数控制在 10000 座左右，以此减少不必要的支出；卡塔尔世界杯 8 座球场共拆除近 17 万个座椅，其中 974 球场更是将球场完全拆除，成为世界杯历史上首座真正意义上的临时球场。

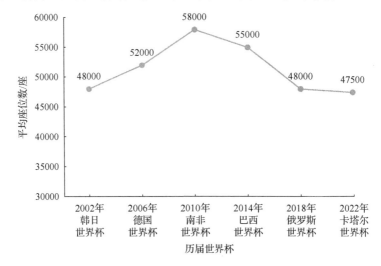

图 3-1　21 世纪历届世界杯球场平均座位数变化趋势图

3.2.5　多元复合利用球场，丰富球场运营内容

从已结束的近 6 届世界杯球场赛后利用状况来看，除德国以其发达的职业联赛作为运营支撑以外，其他各届世界杯球场在赛后利用方面均面临不同的挑战，其主要原因在于国内联赛基础较为薄弱，商业化、市场化程度有限，仅仅依赖足球产业难以弥补球场运营支出。各球场为提高使用效率、增加运营收入，已不再局限于单纯的"以体养体"运营模式，而是采取复合化设计，建设多功能球场，在赛后开展多业态综合运营，这已成为世界杯球场在赛后可持续利用的关键所在。

典型的复合利用球场的方式为举办大型文艺演出和增设商业空间。例如，位于韩国首尔上岩的首尔世界杯体育场，不仅是韩国劲旅首尔 FC 的主场，也因位于韩国潮流区，经常举办各种韩流演唱会和音乐节而备受关注，球场内设有大型超市、商场、餐饮区等多功能设施,方便球迷和游客购物;南非开普敦绿点球场是南非摇滚演出的首选场地,U2、酷玩乐队和林肯公园都曾在这座球场登台表演。建设体育休闲区也是较为重要的一种运营方式,以世界杯球场为中心,向四周扩散,配套建设体育设施,以吸引更多居民前来健身休闲。例如,德国柏林奥林匹克体育场位于奥林匹克公园内,是公园的核心建筑,当地居民可在体育公园内从事多种体育活动。除此以外,开发球场的旅游功能也是部分球场运营的重要经验。首尔世界杯体育场、慕尼黑安联球场、多特蒙德威斯特法伦球场、马拉卡纳体育场、莫斯科卢日尼基体育场等球场,因其俱乐部或球场本身深厚的历史文化底蕴,每年能吸引数以万计的游客前来观光,并以此带动配套商业发展,从而增加运营收入。多元化的球场运营内容,使球场摆脱了单一的体育模式,从而带动球场收入水平提升,提高了球场赛后使用效率。

3.2.6 引入职业体育俱乐部,助推职业体育发展

为世界杯新建或翻新的高标准球场,在赛后其首要功能是服务于高质量的体育赛事,尤以本国职业联赛为最佳,与其他体育赛事相比,职业联赛具有商业化、市场化程度较高,赛事频率稳定等特点,其收入来源更为多元,包括但不限于比赛日收入、包厢租赁、球场冠名、电视转播权分红等,可为球场带来大量且稳定的运营收益。德国世界杯结束后所有球场均有职业俱乐部进驻使用,这大大减轻了球场赛后运营压力,在2021/2022赛季的德国联赛中,所有球场依然有俱乐部将其作为主场,其中德甲联赛7支,德乙联赛4支,凯泽斯劳滕俱乐部由于战绩因素及财政压力,已被降入德丙联赛,但其仍将弗里茨·瓦尔特体育场作为主场,从而继续保证球场的使用频率。2021/2022赛季德国世界杯承办球场所属俱乐部及联赛级别如表3-5所示。高品质的球场也为提高俱乐部比赛日收入及与球场相关的其他收入奠定了基础。

表3-5 2021/2022赛季德国世界杯承办球场所属俱乐部及联赛级别

所在城市	球场名称	俱乐部	联赛级别
柏林	柏林奥林匹克体育场	柏林赫塔	德甲联赛
莱比锡	莱比锡中央体育场	RB莱比锡	德甲联赛
慕尼黑	慕尼黑安联球场	拜仁	德甲联赛
多特蒙德	多特蒙德威斯特法伦球场	多特蒙德	德甲联赛
法兰克福	法兰克福商业银行体育场	法兰克福	德甲联赛

续表

所在城市	球场名称	俱乐部	联赛级别
盖尔森基兴	盖尔森基兴费尔廷斯竞技场	沙尔克 04	德乙联赛
汉堡	汉堡英泰竞技场	汉堡	德乙联赛
斯图加特	斯图加特梅赛德斯奔驰竞技场	斯图加特	德甲联赛
纽伦堡	纽伦堡法兰克人体育场	纽伦堡	德乙联赛
汉诺威	汉诺威 HDI 竞技场	汉诺威 96	德乙联赛
凯泽斯劳滕	凯泽斯劳滕弗里茨·瓦尔特体育场	凯泽斯劳滕	德丙联赛
科隆	科隆莱茵能源体育场	科隆	德甲联赛

资料来源：作者根据公开数据自制。

日本和南非分别为亚洲和非洲的足球强国，其职业联赛水平在亚非已属头部水准，日本为世界杯投入使用的 10 座球场中有 9 座在赛后成为职业俱乐部的长期主场，而南非世界杯 10 座球场均能为本国联赛提供支持。虽然两国职业足球联赛在各自大洲水准较高，但与德国等职业足球发达国家相比还存在职业化程度相对较低、上座率相对不高等问题。为进一步提高球场利用率，日本和南非分别把各自更具号召力的职业体育项目棒球和橄榄球引入部分球场。例如日本札幌穹顶体育场，因可实现足球场与棒球场的自由转换，成为职业足球俱乐部札幌冈萨多队和职业棒球俱乐部北海道火腿斗士队的主场。根据 2012 年的数据，日本札幌穹顶体育场全年共承办赛事活动 83 场，其中包括足球比赛 11 场和棒球比赛 72 场。在南非，彼得·莫卡巴球场、自由州球场等均是足球和橄榄球俱乐部的双料主场。在俄罗斯，该国联赛近年来进步明显，俄罗斯联赛排名已上升至欧洲第 9 位，其承办世界杯赛事的 12 座球场中除卢日尼基体育场作为俄罗斯国家队主场外，其余 11 座球场均为俄超和俄甲联赛球队提供场地支持，高质量球场为俄罗斯足球发展带来了正向影响。因世界杯而建的球场作为职业体育俱乐部主场使用，不仅为球场带来了稳定数量的赛事，减轻了球场运营压力，同时也成为职业体育发展的催化剂，提升了球场比赛及相关收入水平，带动了职业体育的快速发展。

3.2.7 引进专业管理机构，提高球场专业运营能力

世界杯部分球场在赛后引入专业管理机构进行管理，利用其专业优势举办各类活动，增加了球场赛后使用天数，提高了球场使用效率，并且丰富的活动种类也满足了当地居民多样化的体育参与需求，提高了使用者的满意度和消费意愿，在一定程度上增加了球场的营收，降低了地方政府对球场支付的补贴资金额

度。以日本为例，所有球场在世界杯结束后陆续采用指定管理者制度进行管理，该制度是指地方政府通过行政委托，将公共设施与设备的各项管理工作委托给公共团体及民间营利法人，这是日本政府在完善和改进委托管理制度的基础上制定的新制度。依据该制度，日本世界杯球场在赛后转由俱乐部或专业运营公司进行管理，取得了非常好的运营效果。根据2014年数据，当年日本10座世界杯球场中有5座球场营业收入高于其指定管理费用，即球场自身营业收入大于政府补贴费用，其中日本札幌穹顶体育场盈利高达4.9亿日元，这表明该制度在促进球场赛后利用方面展现出独特优势；在德国，部分承办球场在建设之初就有俱乐部参与设计，世界杯结束后俱乐部与球场之间签订了长期的租赁协议，俱乐部享有球场运营管理的话语权，不仅依托球场开展丰富的赛事活动，还为球场带来大量的商业收入，提高了球场的使用效率。

《 4 》

球场可持续发展研究

可持续发展作为一个综合性的概念，涉及自然、环境、社会、经济、科技、政治等诸多方面，其内涵丰富且多元。国际足联对于俄罗斯和卡塔尔世界杯的可持续发展报告主要从经济、社会和环境三个方面进行阐述。本研究将球场可持续发展定义为：在保障球场功能性和安全性的基础上，通过科学规划、合理布局、高效运营，实现球场在自然生态、经济效益和社会效益之间的动态平衡与长期协调发展。在国际视野下，球场作为大型体育赛事的重要载体，其赛后利用和可持续发展策略为我们提供了宝贵的经验和启示。我国球场在赛后利用和可持续发展方面仍存在一些不足。本研究将深入分析我国球场可持续发展的情况和问题，结合国际经验，提出促进我国球场可持续发展的具体建议。

4.1 世界杯球场可持续发展的国际经验与策略

通过对 21 世纪以来世界杯球场的可持续利用情况进行分析，发现世界杯球场可持续发展理念从简单的多功能利用和环境保护开始向环境、经济和社会可持续发展转变。历届世界杯球场可持续发展的相关经验，为当下我国为赛新建的大型球场的可持续发展提供了可借鉴的经验与策略。

4.1.1 环境可持续

4.1.1.1 节能减排，建设绿色球场

（1）采用节能技术，降低能源消耗

德国世界杯通过减少球场运营所需的能源，来减少能源消耗及能源使用造成的环境影响。通过新型节能技术的应用及建筑外壳材料的使用，可以减少球场供

暖、制冷和通风系统对能源的需求。在特定的地区，个别球场的减排率甚至可以达到40%。在俄罗斯世界杯赛事中，喀山和下诺夫哥罗德等城市的球场都安装了照明运动传感器，通过使用计算机可以模拟照明数据，实现高精度的数据模拟，节约能源，延长灯泡使用寿命。

卡塔尔世界杯大多数球场都采用了分区域冷却系统，而不是常规的独立制冷系统，通过控制装置可以单独给需要冷气的区域制冷，因此球场仅需要在赛事开始前几小时启动空调就可以冷却观众区域。除先进的制冷技术外，卡塔尔世界杯球场的外墙都使用了高效的隔热材料，可以减少建筑物的热量吸收，降低球场对空调冷气的需求，减少温室气体的排放。由于卡塔尔特殊的地理位置，几乎所有该地新建的球场都设有可伸缩屋顶，可以极大减少冷却过程中空调系统工作时水和能源的消耗，在天气恶劣时，可以关闭屋顶，改善制冷效果。透明的可伸缩顶篷可在制冷时关闭以减少能源消耗，在不需制冷时又可打开使草坪接收到阳光的照射，自然生长，可伸缩的屋顶和先进的节能冷却技术意味着球场可以根据需求全年使用。

（2）利用可再生能源，减少电能消耗

俄罗斯的球场在停车场和周边区域安装了大量太阳能照明灯，减少电力照明消耗的能源；使用节能材料、节水装置和再生材料并实施废物管理策略，提高球场能源利用率；安装了太阳能电池板为冷却系统供电，减少碳排放。同时，为了减少电能消耗和温室气体排放，球场均使用 LED 灯进行照明。

为了实现 2022 年国际足联世界杯的碳中和目标，卡塔尔交付与遗产最高委员会（Supreme Committee for Delivery and Legacy，SC）与海湾研究与发展组织（Gulf Organisation for Research and Development，GORD）签署了一项协议。根据该协议，海湾研究与发展组织的全球碳信托（Global Carbon Trust，GCT）将制定评估碳减排的标准，并与卡塔尔及该地区的组织合作实施碳减排项目，以减少 2022 年卡塔尔世界杯的碳排放。因此，卡塔尔根据国内实际情况制定了可再生能源利用方案，以减少温室气体的排放。

卡塔尔的球场还高效利用了建筑排水活动中的水和可再处理的污水，减少新建或重建球场的水资源消耗；使用太阳能电池、风力涡轮发电，减少赛时及赛后运营中的碳排放，使其更具环境可持续性；在建造与运营中进行废物分类和回收，进行有效的废物管理。

（3）充分回收水资源，实现重复利用

回收冷凝水、雨水、中水，甚至再利用建筑排水和可再处理的污水均是世界杯球场可持续利用水资源的重要举措。俄罗斯的大多数球场都邻近天然水体，因此俄罗斯部分球场建造了蓄水池，收集和再利用受污染的废水，减少水资源浪费。在萨兰斯克、加里宁格勒和喀山球场，当地还建有污水处理厂，经过处理的水将被储存在特殊储水池中，通过收集、储存和再利用雨水来灌溉球场上的草地，这种利用循环水灌溉的方法可以节省水资源，提高资源利用率。

卡塔尔气候干燥，降雨较少，水资源珍贵，通过回收再利用水资源和节约用水，卡塔尔球场实现了水资源的可持续利用，具有较大借鉴意义。例如，阿尔贝特球场设计的回收利用系统将污水集中起来，然后送往灌溉场，与饮用水混合后用于植被的灌溉。此外，处理后的污水还可以用于抑尘。例如，卢塞尔球场附近设有一个临时污水处理厂，将现场工人住宿时产生的生活污水回收用于现场抑尘。同时，卡塔尔在球场安装了高效的水资源监控设备和使用装置。例如，球场内安装的智能水表可以密切监控水的消耗，防止过度使用和泄漏，最大限度地减少水资源的浪费。

4.1.1.2　完善绿化和交通系统，控制温室气体排放

（1）选用适当方式保证绿化面积，进行碳补偿

尽可能地使用原生植被，可以降低植被的死亡率，减少水资源的消耗，保持当地的生态平衡，达到碳补偿的目的。俄罗斯的球场有些建造在靠近公园的地方和植被保护区，为了保护当地的生态环境，进行了补偿种植。例如，莫斯科卢日尼基体育场位于莫斯科市中心的城市绿色公园，在球场规划中设计了补偿性种植和移植树木，以及对现有树木的保护和土壤修复工程。

卡塔尔的水资源相对匮乏，因此，种植低水耗植物、选用能有效防治荒漠化的植物以及利用原生植被作为景观覆盖等，成为了球场绿化的重要策略。截至 2020 年初，卡塔尔在各地的球场区域及其周边的公共场所，已经成功铺设了 50 万平方米的草皮，栽种了 5000 棵树和 8 万株灌木。其中，为了与当地生态环境相协调并减轻对自然环境的影响，所种植植被中有 75% 为周边地区原生植被移植，这些植被不仅具有出色的耐旱性，还能有效助力荒漠化防治。特别是在阿图玛玛球场（Al Thumama Stadium），原生植被的覆盖率高达 80% 以上。而在教育城球场区域，75% 的景观设计采用了耐旱或本土植物种类，在确保球场绿化的同时，也实现了水资源的节约。

（2）完善球场周边公共交通网络，减少碳排放

在国际足联 2021 年发布的《卡塔尔世界杯温室气体核算报告》中，预计 2022 年卡塔尔世界杯将产生高达 360 万 t 的二氧化碳，其中 51.7% 来自旅行，20.1% 来自住宿，18% 来自永久性的球场建设，4.5% 来自临时设施建设，1.1% 来自后勤。因此，要打造碳中和的世界杯，除了通过从本地选购材料和回收建筑垃圾再利用来减少因建筑材料运输而排放的温室气体，减少观众来往球场路上的碳排放也是关键一环。

卡塔尔为世界杯新建的地铁使用了再生制动系统，有助于减少碳足迹。除了地铁，卡塔尔的绿色交通计划还包括电动汽车和公共汽车，25% 的公共巴士将被转换为电动巴士。这些措施不仅可以在球场周边建立完善、便利的公共交通网络，还可以减少温室气体的排放和空气污染。例如，卢塞尔球场和教育城球场就有完善的电车系统，可以减少私家车的使用、减少球迷对球场周围停车位的需求。

4.1.1.3　对标国际绿色标准，建造可持续利用球场

（1）发布可持续采购准则，降低环境影响

为了减少球场及比赛对环境的影响，卡塔尔颁布了可持续采购准则，不仅优先本地采购以减少货物运输中的碳排放，还提出了更高层次的要求：任何提供商品、工程、服务或公用事业的个人或组织都必须遵守可持续采购原则，遵守国际要求的行业实践标准。

卡塔尔在筹备世界杯期间，高度重视环保与可持续性发展。为此，卡塔尔政府鼓励球场建设的承包商与本地公司合作，进行建筑材料的采购，确保世界杯的 8 个球场都与至少 1 家本地公司建立合作关系。在采购过程中，卡塔尔政府采取了一系列环保措施，以减少对环境的负面影响。首先，为了减少温室气体和其他有害气体的排放，卡塔尔要求合作伙伴在采购和运输过程中优先使用可再生能源，并选择低温室气体排放的原材料和低排放的运输方式，这一举措旨在减少建造过程中对环境的污染，为世界杯赛事营造一个更加绿色的环境。其次，卡塔尔高度重视资源的重复利用。在采购过程中，卡塔尔要求合作伙伴尽可能地减少一次性塑料的使用，并提供易于重复利用的材料、消耗品和包装。这些措施有助于减少垃圾的产生，提高资源的利用率，为环境保护做出贡献。最后，为了保护生态多样性，卡塔尔对合作伙伴提出了严格的要求。合作商被禁止使用任何含有毛皮的产品和包装，以确保不会对野生动物造成伤害。同时，卡塔尔还要求合作商

确保所使用的木材来自合法采伐的森林，以保护森林资源和生物多样性。

卡塔尔在球场建造过程中产生的废物都按照 GSAS-CM2.1 废物管理的标准进行处理，所有卡塔尔球场的建筑工地均会重复利用建筑垃圾。例如，阿尔贝特球场在旧球场被改建拆除时，就已经对被拆除的材料进行了分类，并确定了相应的用途。其旧球场被拆除回收后的材料利用率高达 90%，许多材料回收后被重新运用在了球场旁边的阿尔贝特公园，如公园中的餐馆就是使用旧球场拆除后产生的废弃建筑材料建造的。通过实施可持续采购准则，卡塔尔减少了球场建设及未来运营对周围环境的破坏和影响。

（2）采用可持续发展评估系统，打造绿色建筑

随着国际足联越来越强调绿色环保和可持续发展。从 2012 年开始，每届赛事举办方均会在其官网上发布世界杯可持续发展战略报告，包括应对气候变化、废物管理、球场可持续建设等。国际足联于 2012 年首次要求世界杯比赛球场均需获得可持续建筑认证，到 2018 年俄罗斯世界杯，国际足联已将球场获得绿色认证作为所有正在建设或翻新的国际足联世界杯官方球场的强制性要求。

随着可持续发展和绿色发展观念的不断深入，各届世界杯组委会和国际足联都高度重视球场的绿色发展，从设计之初就提倡使用环保材料和安装环保设施，以达到绿色建筑标准，这对球场在赛后利用中减少能源消耗、打造环境友好型球场具有重要价值。可见，各届赛事组委会均秉持可持续发展理念，采取相关环保措施和策略，力争打造绿色赛事（表 4-1）。

表 4-1　历届世界杯绿色球场建设情况

历届世界杯	绿色认证球场数量/座	认证标准				
		能源与环境设计先锋认证（LEED）/座	全球可持续性发展评估体系（GSAS）/座	2018 年俄罗斯世界杯足球场评价标准（RUSO）/座	国际建筑研究机构环境评估方法（BREEAM）/座	建筑环境可持续性评估系统认证（EDGE）/座
2002 年韩日世界杯	20	—	—	—		
2006 年德国世界杯	12	—	—	—		
2010 年南非世界杯	10	5	—	—	2	1

续表

历届世界杯	绿色认证球场数量/座	认证标准				
		能源与环境设计先锋认证（LEED）/座	全球可持续性发展评估体系（GSAS）/座	2018年俄罗斯世界杯足球场评价标准（RUSO）/座	国际建筑研究机构环境评估方法（BREEAM）/座	建筑环境可持续性评估系统认证（EDGE）/座
2014年巴西世界杯	12	2	—	—	—	—
2018年俄罗斯世界杯	12	12	—	7	5	—
2022年卡塔尔世界杯	8	—	5（五星级）3（四星级）	—	—	—

资料来源：作者根据公开数据整理。

4.1.2 经济可持续

4.1.2.1 赛事选址集中紧凑，降低建设服务成本

球场作为一种功能性单一的体育建筑，若不能与城市协调发展，将对其利用和地方财政造成重大的负面影响。2022年卡塔尔世界杯球场的建设选址，都位于卡塔尔首都多哈市中心50 km以内，形成了一个十分紧凑的球场布局，即便是到距离多哈市区最远的球场——阿尔贝特球场，也只有40 min的车程，这样的球场选址有利于集中提供建筑材料和服务，提高资源利用率。卡塔尔球场的大多数建筑材料均在本地采购，并且其中20%的材料为可回收资源，包括钢、玻璃、木门和混凝土。在教育城球场，超过55%的建筑材料从本地采购，这不仅能最大限度地减少开支，还能极大减少工作人员在城市间流动及采购、运输建筑材料过程中产生的碳排放。

紧凑的选址还有利于各类赛事服务的提供，比赛队伍在世界杯比赛期间可以便捷地到达所有球场附近的酒店，有助于他们更好地休息并保持最佳状态，媒体代表和观众也能减少往返各个球场的时间，有充足的时间观看足球比赛、欣赏卡塔尔的风景。教育城球场距离多哈繁华的市中心仅7 km，球迷可以通过公交或地铁轻松抵达球场，有助于减轻比赛日的交通压力和大量碳排放给环境带来的压力。

4.1.2.2 实现资源重复利用，高效配置资源

（1）改造利用现有球场，重复利用资源

为达到办赛要求，举办方需耗费大量资金、土地资源等，以德国世界杯为例，当届赛事为世界杯专门建设的球场仅有慕尼黑安联球场和莱比锡中央球场 2 座，慕尼黑安联球场的建造费用更是高达 2.8 亿欧元。改造或翻修现有球场，不仅可以降低建设成本、节省土地资源，还可以提高土地利用率。

此外，对现有球场进行改建不仅可以实现资源的重新配置和再利用，还可以促进城市体育文化的可持续发展。例如，多特蒙德威斯特法伦球场自建成以来，经历了 3 次翻新，但始终保持对当地居民观球习惯的尊重，保留了独特的站席形式，不仅传承了当地足球文化，而且较大限度地降低了翻修成本。反观 2002 年韩日世界杯，尽管日本国内球场资源已经相对成熟，但仍然选择建造大量新的球场，过度新建球场导致新球场与现有球场间出现同质化竞争。日本宫城县在世界杯开始前，已经建成了仙台体育场和宫城球场两座大型球场，使用需求已经能得到满足，在兴建宫城县体育场后，新建球场与既有球场之间的同质化竞争加剧，仙台维加泰足球俱乐部只将宫城县体育场作为临时主场，并未长期租赁，不利于提高球场利用率。

（2）运用数字信息技术，高效配置资源

德国世界杯结束后，慕尼黑安联球场进行了全面的智慧化和数字化升级，通过对球场的硬件设施的更新和用户体验系统的改善，打造了更具现代化、可持续发展的球场，实现了资源的有效配置；通过安装智能停车、导航系统，解决了球场在赛时、赛后交通堵塞，找车难、停车难的问题；通过升级网络系统，实现了球场 Wi-Fi 全覆盖，大幅提升现场观赛体验。

卡塔尔世界杯球场在钢结构吊装及外幕墙安装过程中运用了建筑信息模型（Building Information Modeling，BIM）技术，解决了一系列重大技术难题。与传统的二维图纸设计建造方式相比，BIM 技术利用信息化对建筑全生命周期进行数字模拟，可以实现多维度信息集成，有助于更高效地利用资源。卢塞尔球场在建设之初就组建了国际化的 BIM 技术策划和实施团队，力图打造具有标志性的智能建造项目。教育城球场的形状是结合了空气动力学的成果，不仅美观，而且十分有利于草坪的生长，能够尽可能降低草坪的维护成本。在工程全生命期，运用

BIM 技术将大大减少建筑材料的浪费、降低建设成本、缩短工程周期，为建设"绿色"球场树立标杆。

（3）以租代建、模块化设计，提高资源利用率

为了提高资源利用率，优化资源配置，推动经济可持续发展，卡塔尔在物资的采购中优先使用共享或可租赁的产品。例如，为了避免建设酒店的设施闲置，卡塔尔与居民签署租赁协议，租赁了一批私人公寓和房屋作为赛事临时酒店。

此外，受到港口货运集装箱的启发，974 球场将船运集装箱作为模块化的基础制造了可拆卸看台、零售摊位等。通过预制集装箱和使用模块化元件可以大幅缩短球场的建设时间，减少看台建造过程中产生的废物，同时使球场在赛后可以更加灵活地进行运营。赛后拆卸的看台等还可以捐赠给需要体育设施的国家，实现资源的重复利用。例如，阿尔贝特球场在世界杯结束后，上层座位被移除，重新用于卡塔尔和海外的体育设施建设，大楼变成了一家五星级酒店，购物中心、美食广场、健身房和多功能厅等都被整合到球场大楼中。

4.1.2.3 提前谋划赛后运营，带动区域发展

（1）引导初创企业发展，鼓励企业创新

建立创新或创业基金，可以促使企业积极向以高科技驱动和服务业发展的方向转变，促进当地经济结构转型。卡塔尔鼓励环保初创企业的成立和发展，为其提供补助或采购其商品。例如，卡塔尔的体育和赛事行业卓越中心——Josoor 研究所在 2019 年举办了各种培训班，其内容都与国际足联发布的《2022 卡塔尔世界杯可持续发展战略》所涵盖的问题和主题相关，通过传授专业知识、培训学员、帮助和鼓励创业，推动卡塔尔体育事业的可持续发展。除此之外，卡塔尔还举办了"挑战 22"的竞赛，作为卡塔尔交付与遗产最高委员会的创新计划，为初创企业打开了一扇门，帮助它们开发具有可持续性的产品并将其推向市场。举办"挑战 22"竞赛的目标是创造更多的可持续发明和可持续化优化方案，并通过这些发明和方案，使 2022 卡塔尔世界杯在尽可能可持续化的设计下，不影响甚至增强大型活动中球迷的体验感，使当地社区和卡塔尔从中受益。

（2）引入专业运营机构，提高球场造血能力

日本政府为了提升球场的利用率，不断加强运营管理，并对球场进行改造，积极参与国际性赛事，如国际足联世俱杯、橄榄球世界杯等，以此来提升日本世界杯球场的赛后使用效率。同时，日本球场实行了一种独特的管理制度——将所

有权和经营权分离，采取指定管理者制度，将公共设施和设备的管理工作交由公共团体及民间营利法人来完成，以此提高球场的运营效率和收益。为了满足球场赛后的需求，日本札幌穹顶体育场在设计之初就考虑到了将棒球场和足球场有效地结合起来，设计师采用了"整体移动式草坪"的设计方案，可以实现体育场全天候的运营，体育场的利用率大大提高，不再受天气的影响。

德国世界杯中的许多球场都由俱乐部设计并负责运营。在比赛结束后，这些俱乐部与球场签署了长期的租赁协议，12座球场被职业俱乐部入驻或租用，其中有4座球场由职业俱乐部直接运营。拥有了球场的管理权，这些俱乐部不仅可以举办各种专业联赛，还可以为球场带来巨额的商业收益，提高球场的使用效率。

卡塔尔世界杯球场采取了全新的管理模式，在赛后引入专业管理机构进行管理，不仅可以促进赛后球场的可持续运营，还能极大地提升球场的运营收益，在满足当地居民的多元化体育参与需求的基础上，减少了地方政府为此所支出的补贴资金。这样一来，球场不仅能够拥有丰富的赛事资源，还能够稳定地吸引大量的球迷，从而充分发挥俱乐部在赛后利用方面的积极作用。

（3）可持续采购，提供就业机会

卡塔尔政府在筹备2022年世界杯期间，展现出了对可持续性和本地经济发展的高度重视。首先，在球场建设及运营所需物资的采购上，卡塔尔政府鼓励与本国企业建立紧密合作。这种合作模式不仅大大减少了采购物资的长途运输，从而显著减少了碳排放，而且极大地促进了本地经济的发展，为当地企业带来了更多商机，创造了大量的就业机会。通过这种方式，卡塔尔在推动体育赛事发展的同时，也实现了环境保护和经济发展的双赢。其次，为了解决世界杯期间可能出现的住宿紧张问题，卡塔尔政府采取了创新的解决方案。他们与当地居民签署了租赁协议，允许他们将公寓和房屋短期出租给球迷和游客。这不仅满足了赛事期间的住宿需求，还避免了大规模建设新酒店或公寓对环境造成的潜在影响。此外，卡塔尔还创造性地利用两艘游轮作为浮动酒店，提供了额外的4000个住宿舱位，进一步缓解了住宿压力。

在食品采购方面，卡塔尔和俄罗斯都采取了本地化策略。它们优先从当地供应商采购食材，不仅减少了长途运输过程中的能源消耗和温室气体排放，还直接支持了当地农业和食品行业的发展。选择本地食材还保证了食物的新鲜度和口感，满足了赛事期间大量人员和游客的饮食需求。同时，这种采购策略也为当地农民和食品生产商提供了更多的就业机会，进一步推动了本地经济的发展。

在服装采购方面，各届世界杯政府都注重本地化和可持续性。由于一场大型赛事可能需要数千名员工和志愿者参与，所以服装需求量巨大。在本地采购服装，不仅减少了长途运输带来的温室气体排放，还促进了当地纺织和服装行业的发展。这种采购策略不仅有助于实现赛事的经济可持续运营，还体现了世界杯承办政府对环境保护和本地经济发展的重视。

（4）开发无形资产，提高球场收入

在成功举办大型赛事后，球场的知名度通常会得到显著提升，进而带动其商业价值不断增长。这种增长不仅体现在冠名、赞助等直接收益上，还通过一系列策略性的无形资产开发实现商业价值的最大化。以德国为例，在世界杯赛事结束后，各球场积极利用赛事积累的知名度，展开了全方位的无形资产开发工作。在球场冠名权方面，各球场精心选择合作伙伴，进行了有针对性的冠名权开发，从而获得了可观的商业收益，其中，德国慕尼黑安联球场更是通过开发多层次赞助商策略，与各大知名品牌建立了紧密的合作关系，不仅扩大了球场的粉丝群体，还极大地提升了球场和赛事的宣传效果，进一步增强了球场的商业价值。与此同时，球场在宣传模式上也进行了创新，采用了线上线下相结合的方式，通过电视媒体广泛传播球场信息，同时在球场内外展示品牌标志（Logo），满足了赞助品牌的多样化需求。这种综合的宣传模式有效提升了赞助效益，使赞助商能够获得更广泛的市场曝光。此外，为了长期稳定地获取商业开发收入，并维护与相关利益者的关系，德国球场还采取了签订长期冠名赞助协议的策略，这种做法不仅确保了球场收入的稳定性，减少了对利益相关者的潜在伤害，还有助于巩固球迷情感，提升球迷对球场的忠诚度。

4.1.3 社会可持续

4.1.3.1 融入可持续理念，提供人文关怀

（1）设立独立空间，为特殊人群提供人文关怀

卡塔尔在筹备 2022 年世界杯期间，充分考虑到了球迷的多样性需求，特别是在嘈杂和拥挤的比赛环境中，儿童和特殊人群可能会感到不适或焦虑。为了应对这一问题，卡塔尔在教育城球场和哈里发国际体育场特别设立了感官室，为球迷提供明亮、轻松的空间来观看比赛。这些感官室位于球场的包厢内，内部配备了降噪耳机、视觉提示卡、加厚的坐垫等各种设施，旨在帮助球迷缓解紧张情

绪和压力。通过提供这样一个安全、平静的观赛环境，卡塔尔确保了所有球迷（无论是否有特殊需求）都能享受到世界杯带来的乐趣。

感官室的设立是卡塔尔交付与遗产最高委员会、卡塔尔国际足联世界杯、国际足联及卡塔尔基金会（Qatar Foundation，QF）共同合作的结果。这一举措不仅体现了卡塔尔对球迷的关心和尊重，也展示了卡塔尔致力于打造一届包容性极强的世界杯的决心。

（2）成立无障碍论坛，保障特殊人群权利

在 2022 年卡塔尔举办的国际足联世界杯中，该国接待超过 100 万的游客，根据国际足联发布的要求，卡塔尔致力于确保所有世界杯设施对残障人士友好。为此，卡塔尔进行了广泛的测试和评估，以改进包括基础设施、员工和志愿者培训、票务程序及运输系统在内的各个环节。这些改进不仅关注球场内的设施，也考虑到了从抵达、参与到离开的整个流程。为了提供更加包容和人性化的服务，卡塔尔还成立了无障碍论坛，旨在与残疾人群体及代表他们的 30 多个组织紧密合作，收集关于如何改进无障碍设施的建议。通过这些建议，残障人士得以与球场设计团队直接沟通，积极参与确定需要改进的设施，并提前进行球迷体验测试，以确保球场的各部分都能满足无障碍访问的需求。

除了球场内的无障碍设施，卡塔尔还认识到建立无障碍生态系统的重要性，这种生态系统超越了球场的界限。卡塔尔文化部门通过无障碍论坛收集的信息，对地铁网络、住宿和旅游景点等进行了无障碍改造。例如，增设了地铁网络的无障碍站点，确保游客在公共交通方面能够畅通无阻；旅游景点和住宿场所也设置了无障碍通道，让行动不便的游客也能轻松游览。无障碍生态系统的建立不仅保障了特殊人群的权益，让他们能够在赛后继续探索卡塔尔的热门景点，同时也推动了当地旅游业的发展。这一举措不仅提升了卡塔尔的国际形象，也展示了该国在推动社会包容和人性化服务方面的决心与努力。

4.1.3.2　扩大受众，推动足球运动可持续发展

（1）与俱乐部紧密联系，促使职业足球可持续发展

卡塔尔自 2010 年起启动了一项名为"惊人一代"的宏伟计划，旨在通过建设足球场、提供足球培训等方式，激发年轻人的参与热情，实现持久的社会效益。

这一计划不仅着眼于基础设施的建设和服务的提供，更将性别平等观念的推广和生活技能的传授作为其核心内容。"惊人一代"计划强调建设包容、安全、可持续的城市和人类社区，特别关注贫困社区中妇女和女孩的参与。为了鼓励她们积极投入体育运动，卡塔尔不仅邀请了世界知名足球运动员作为榜样，还与各大足球俱乐部紧密合作，共同开展"教练员培训"项目，为女性提供了学习足球技能的平台，并通过足球运动推动社会的进步和发展。

通过"惊人一代"计划，卡塔尔期望能够激发下一代的力量，为卡塔尔乃至世界足球注入源源不断的活力。同时，这一计划也有助于提升足球俱乐部的影响力，促进足球文化的繁荣发展。在赛事结束后，卡塔尔的球场并未沉寂，它们开通了参观通道，将球场的功能业态、运营系统等直观地展示给公众，使足球爱好者可以沉浸式地感受球场的设计理念，深入了解足球运动的魅力。

（2）保障弱势群体及特殊人群参与活动，扩大足球项目群众基础

为了更好地筹备比赛，卡塔尔将特殊人群的需求考虑进球场设计，并致力于打造无障碍生态系统，保障了其权利，提供了更具包容性的服务。根据国际足联已发布的要求，即确保所有世界杯设施均可供残障人士使用，卡塔尔在基础设施建设、工作人员培育、酒店和旅游景点服务等方面进行了针对性改进，建立了无障碍生态系统，以保障残障人士和行动不便人士的参与。此外，为了提供更具包容性的服务，卡塔尔于 2015 年成立了无障碍论坛，并向残疾人及 30 多个残疾人组织代表收集了关于如何改善卡塔尔的无障碍设施的建议。

4.1.3.3　促进国际交流，学习可持续发展理念

俄罗斯在推动城市发展的过程中，对球场设施的文化价值和作用给予了极高的重视。在球场建设之前，俄罗斯便着手学习和吸收可持续发展经验，这些经验覆盖了球场建设、器材配备、建筑设计、日常运营及赛事举办等多个方面。通过这一系列的准备和学习，俄罗斯力求在球场设施的建设与运营中实现经济、社会和环境的和谐发展。

卡塔尔在筹备 2022 年世界杯的过程中，也极其注重可持续发展。其交付与遗产最高委员会根据卡塔尔的实际情况和发展布局，策划并组织了一系列可持续发展论坛和线上交流活动，旨在为球场设施在赛事后的可持续利用和足球文化的长期培养制定切实可行的规划。在卡塔尔的可持续发展计划中，可持续性知识的学

习和分享占据了重要地位。卡塔尔交付与遗产最高委员会与卡塔尔绿色建筑委员会携手，举办了一系列关于绿色酒店建设的研讨会，与酒店行业进行了深入的交流和合作。此外，卡塔尔的体育和赛事行业卓越中心研究所也积极行动，举办各种培训班，传授专业知识、培训学员，并鼓励创业创新，以此推动卡塔尔体育事业的可持续发展。这些举措不仅促进了国际间的学习和交流，使各国专家、学者及工作者有机会分享经验和知识，还激发了可持续工作者的灵感，为卡塔尔乃至全球的可持续发展贡献了智慧和力量。

4.2　我国球场可持续发展的探索与不足

4.2.1　我国球场的基本情况

为全方位了解我国球场在可持续发展方面的探索与不足，选取成都凤凰山足球场、苏州昆山足球场、青岛青春足球场和重庆龙兴足球场为典型案例进行分析，以客观反映我国球场在可持续发展方面存在的共性问题与特色实践。

4.2.1.1　成都凤凰山足球场

成都凤凰山足球场是一座经由西南院精心打造的现代化体育场馆。该球场以TOD模式为核心理念，旨在通过地铁等公共交通的便捷性，将球场与周边商业综合体紧密相连。赛时，观众可通过接驳车迅速到达；非赛事期间，地铁与自驾同样提供了便捷的出行选择。这种交通布局不仅优化了赛时与赛后的交通，还有效促进了周边产业经济的发展，为城市的可持续发展注入了新活力。

在设计上，成都凤凰山足球场展现了前瞻性与创新性的融合。其屋顶采用了约 2.4 万 m^2 的 ETFE 材料，这种高分子化学材料具有出色的耐热、耐化学、耐辐射及良好的绝缘性能。这一选择不仅提升了场馆内部的观赛体验，还有助于降低草坪的养护成本。此外，ETFE 材料的抗污性、防火性及可循环再生性，都体现了球场在环保与可持续性方面的努力。这种材料的运用，使得球场与自然环境和谐相融，为观众带来了更为舒适的观赛体验。

成都凤凰山足球场在设计之初就考虑到了未来的多功能性。在上层看台的后部预留了可改造的平台，未来可根据需要搭建活动看台。这一设计既满足了当前的使用需求，又为未来的多功能改造提供了可能。同时，为了契合成都的休闲文化，球场在北侧看台转角区域特别设置了转角沙发椅，为家庭休闲和团体观赛提供了理想场所。此外，成都凤凰山足球场还引入了智慧球场的设计理念，实现了设备层面的集中管理，这一举措不仅提升了场馆的运营效率，还有助于减少能耗，为绿色、低碳的体育赛事提供了有力支持。

4.2.1.2 苏州昆山足球场

苏州昆山足球场占地 19.9 万 m^2，总建筑面积 13.49 万 m^2，按照国际足联 A 级比赛标准设计建造，主要功能包括作为核心足球场及配套功能的使用。昆山市人民政府在设计时就将球场定位为达到国际绿色建筑二星及 LEED 银奖双认证的绿色球场，并以绿色低碳理念为向导，安装了太阳能光伏系统等多处节能高科技设备。苏州昆山足球场在外立面膜材上选用了聚四氟乙烯（Polytetrafluoroethylene，PTFE），这种材料不仅绿色、节能、高效，还有优良的耐久性、易洁性和稳定性，其显著特点是自洁性高、透光性强，雨水即可冲刷掉表面的附着物。这种材料的选用可以增强球场透光率，减少补光灯的使用，降低球场日常能耗和维护成本。苏州昆山足球场是国内首个采用膜结构来完成球场外立面的球场，使用膜材料的优势主要体现在促进球场节能减排，同时结合立面达到建筑自遮阳的效果。此外，半透光膜结构有利于足球场内天然草皮的生长，一定程度上可以降低场地灯光使用频率。

为了达到节能环保、绿色可持续的目的，苏州昆山足球场屋面及地面都采用了雨水回收系统和景观设计将现状水系保留。水系保留、用水节水的设计，不仅保留了公园内的自然水系，提升整体景观效果和体验舒适度，还能满足整个球场及周边体育公园的整体雨水调蓄，减轻了球场周边市政管网的雨水排放压力。雨水的收集还可以用于内部大地块内的整个景观公园及内部绿化的浇灌和道路冲洗，有效改善城市微气候，减少热岛效应。

球场创造性地设置了悬挑式看台，在球场外部形成了下沉式庭院和临水空间。园内路线以球场为中心，向四方辐射，通往体育、休闲与商业等配套设施。在球场附近规划有天然河道，不仅十分契合建筑外观，非赛事期间社区居民也可以在草坡或河岸边休息。

4.2.1.3 青岛青春足球场

青岛青春足球场创新地提出"公园化体育综合体"的构想，旨在通过这一创新项目的建设，广泛推广足球文化，吸引更多人投身其中。这一项目摒弃了传统体育场馆"专为赛事而建"的局限性，通过前瞻性的规划和组织，确立了以球场为焦点的多元化功能区域和体育服务综合体的运营模式。球场所在区域交通便利，采用了 TOD 模式，大幅缩短了球场与周边交通节点的距离，构建了一个充满活力的体育休闲区域。通过强化球场与城市的连接，借助便捷的交通网络，吸引更多市民前来体验和消费，从而打造一个互动互联的城市公共空间，推动球场的长期有效利用。

球场在设计中不仅进行了多角度的切割处理，还引入了 ETFE 膜技术，显著提升了球场的透光性，既确保了良好的通风效果，又有效调节了场内温、湿度，为草坪生长创造了优越环境，降低了维护成本。同时，球场积极推动绿色生态发展，通过预制看台的设计，减少了施工现场的湿作业，加快了工程进度，确保了建筑的美观与耐用。此外，球场还充分利用了本地资源，减少了运输过程中的碳排放。同时，球场在设计时充分考虑了赛事与非赛事期间的不同需求，结合当地的文化、旅游和教育特色，打造了一个集比赛、休闲、娱乐、餐饮、购物、康复等多功能于一体的体育服务综合体。这一创新举措不仅丰富了市民的文体生活，也为城市的可持续发展注入了新的活力。

4.2.1.4　重庆龙兴足球场

重庆龙兴足球场作为两江新区投资集团斥资 19.5 亿元打造的重大项目，其规模宏大，可容纳观众 6 万人，成为当前国内领先的超大型球场。这一项目由知名的西南院担纲设计，力求打造城市新地标。为了促进片区发展，设计师们提出了"一心两轴一园"的创新规划理念。"一心"即足球公共中心，确保球场的核心功能得到充分发挥；"两轴"即足球产业轴和文化轴的融合，通过电竞馆、体育总部、足球广场等多元化设施，构建足球主题公园，为片区带来经济和文化的双重效益；"一园"即龙兴足球小镇，它以足球为核心产业，融合体育、教育、文化、休闲等多元要素，与重庆龙兴足球场共同构成龙兴新城的特色区域。

在功能布局上，重庆龙兴足球场实现了主体、辅助与附属设施的和谐统一。主体设施为专业足球场，确保高标准、高品质；辅助设施则涵盖运动员、媒体、贵宾等多个区域，满足赛事的全方位需求；附属设施如商业区、餐饮酒店等，不仅提供赛时服务，更为赛后利用提供可能。为了响应绿色发展理念，球场在建材选择上精益求精，采用了多种节能环保材料，如高效能的冷水机组与风冷热泵系统、节能环保的蒸压轻质混凝土（Autoclaved Lightweight Concrete，ALC）条板、透光性极佳的 ETFE 膜等，确保球场在运营过程中对环境的影响最小化。同时，球场外立面采用 LED 点阵屏幕，不仅视觉效果出色，而且节能环保。为确保赛事安全和提升使用效率，球场周边还特别设计了"T"字形下穿道，用于快速疏散人流，在赛后也可用于举办多种活动，如城市庆典、音乐节等，实现场馆的多功能利用。

4.2.2 我国球场可持续发展中存在的问题

4.2.2.1 环境可持续方面存在的问题

（1）球场仅满足办赛需求，绿色设计考虑不足

目前，我国新建或改建的球场在节能减排方面已有一定进步，如广泛采用 LED 灯照明，部分球场设置了雨水回收系统，用于道路清洗和绿化。然而，由于缺乏统一的废物管理要求，建筑废物的回收利用率仍然很低，只有极少数球场会积极采取回收措施。

此外，我国新建球场往往以满足办赛需求为首要目标，座席数量众多且多为固定座席，导致赛后利用中可能出现大量座席闲置的问题。同时，深入调研显示，我国球场在初期建设阶段对 BIM 技术能力的评估不足，尚未构建与国际接轨的智能建造管理体系。以重庆龙兴足球场为例，在推进 5G 转播技术整合时面临多重挑战。首先，资金成本限制了智慧化建设的整体布局。其次，商业层面的问题，如转播权方面的缺失，也给球场的智慧化建设带来了困扰。最后，由于缺乏政策扶持，球场设计往往更侧重于满足赛事需求，而对长远的可持续发展则缺乏全面考量。

（2）缺乏纲领性政策文件，未按标准认证绿色建筑

尽管绿色发展和可持续发展是当今时代的热门话题，但由于缺乏具有指导性的可持续发展文件和统一的绿色标准，除了苏州昆山足球场，我国大部分球场在可持续发展管理方面尚未获得如 LEED 或 GSAS 等国际认证。这在一定程度上反映了我国在球场建设中对于绿色、低碳理念的执行力度还有待加强。同时，在球场建设过程中，选择绿色建筑材料是实现节能减排和绿色设计的关键步骤。这些材料不仅有助于减少环境污染，还能提高与延长场馆的使用效率和寿命。然而，国内相关政策尚不完善，设计侧重点各有差异，绿色建材的选用、使用等尚未形成统一的标准和规范，导致球场建设的绿色化程度参差不齐。

此外，球场建设资金主要由政府提供，而在有限的预算下，政府需要权衡各种因素，包括成本控制和场馆的可持续利用。因此，在资金有限的情况下，政府可能会限制一些对球场可持续利用有益的创新设计，以确保项目的整体经济效益。以上海浦东足球场为例，其设计团队曾尝试将可持续发展理念融入场馆设计中，然而这一尝试遭遇了双重挑战。首先，国内尚未形成统一的绿色建设标准，使设计团队在选材、施工等方面缺乏明确的指导和依据。其次，由于球场建设资金有限，采用绿色建材等创新设计无疑需要额外的资金投入，这在一定程度上限制了设计的实施和推进。

4.2.2.2 经济可持续方面存在的问题

（1）球场规模过大，短期需求与长期发展不匹配

我国新建的 10 座专业球场以世界杯申办条件为标准，座席数较多、体量较大，如表 4-2（与表 2-9 内容相同，此处为直观呈现，重新列出）和表 4-3 所示，座席数少于 4 万座的球场并不多见，目前仅有天津滨海足球场和上海浦东足球场两座。在探讨球场赛后利用的有效性时，职业体育模式往往被视为首选。这类球场的设计初衷便是为职业联赛而生，因此无须过多改造即可投入使用。然而，我国职业体育的现状令人担忧。职业俱乐部运营困难，主场赛事观众稀少，使得巨大的球场运营成本成为沉重负担。以厦门市为例，作为承办城市之一，它却没有职业足球俱乐部。因其 61000 座席的体育场缺乏长期租户，球迷的观赛需求远不及球场供给。

表 4-2　历届世界杯专业球场规模

历届世界杯	球场数量/座	座席超 6 万座球场数量/座	平均座位数
2002 年韩日世界杯	20	4	48000
2006 年德国世界杯	12	4	52000
2010 年南非世界杯	10	4	58000
2014 年巴西世界杯	12	5	55000
2018 年俄罗斯世界杯	12	2	48000
2022 年卡塔尔世界杯	8	2	47500
2023 年中国亚足联亚洲杯	10	6	54000

资料来源：作者根据公开数据整理。

表 4-3　原 2023 年亚足联亚洲杯承办球场规模

所在城市	球场名称	座位数	是否新建
北京	新北京工人体育场	68000	否
天津	天津滨海足球场	37000	否
上海	上海浦东足球场	35000	是
重庆	重庆龙兴足球场	60000	是
成都	成都凤凰山足球场	60000	是
西安	西安国际足球中心	60000	是
大连	大连梭鱼湾足球场	63000	是
青岛	青岛青春足球场	50000	是
厦门	厦门白鹭体育场	61000	是
苏州	苏州昆山足球场	45000	是

资料来源：作者根据公开数据整理。

在球场建设资金来源方面，我国球场主要依赖政府财政投入。这种投资模式虽能确保球场的建设，但也可能导致设计上的韧性不足。卡塔尔世界杯便是一个值得借鉴的范例，卡塔尔通过临时看台或可拆卸设计，既满足了赛事需求，又在赛后释放了运营空间。相比之下，我国新建球场大多采用固定座席设计，缺乏必要的灵活性。尽管厦门白鹭体育场等少数球场能通过座椅移动实现功能转换，但整体上，我国球场设计的韧性仍有待提高，这进一步凸显了我国球场在赛后利用方面所面临的挑战。

（2）球场建设预算不足，智慧化设计受限

新兴技术在球场建设与发展中的应用正日益凸显其重要性。为了提升球场后期运营的便捷性和效率，国外球场已经广泛采纳了诸如可开合屋顶、可移动草坪和 BIM 智慧建造等创新技术。这些技术不仅丰富了球场的造型和空间布局，还显著提高了其赛后的多功能利用能力。以日本札幌穹顶体育场为例，其开合屋顶设计使球场能在各种天气条件下举办多样化的活动，同时提高了球场的自然采光率，这对于草皮的生长和维护起到了积极的推动作用。然而，我国球场设计面临的形势较为严峻。由于球场的投资模式限制，以及政府对成本的严格控制，设计方从运营角度出发提出的多元设计建议，往往因为需要增加投入而难以被采纳。以上海浦东足球场为例，其设计在满足基本赛事功能的前提下，只能尽量弥补体制和功能上的不足，因为其主要依赖财政投资，政府首要考虑的是满足赛事需求，并力求在成本上做到控制和压缩。

目前，我国已建成的球场在利用上存在一定的问题。由于活动类型相对有限，加之国内足球氛围不够浓厚，联赛体系尚待完善，球场利用率普遍较低。如果球场在前期投入大量资金进行建设，而后期无法吸引足够的赛事活动，就可能导致球场闲置，造成财政资金的浪费。政府在审查设计方案时，虽然会考虑赛事需求，但更多是在满足这些需求的基础上寻求成本的最小化，而较少关注球场的赛后利用和长期效益。这种资金压力使设计方在进行球场设计时面临诸多限制，智慧化的创新设计在国内球场中应用相对较少。相比之下，国外球场在资金筹措上更为灵活，通过多元化的融资渠道或俱乐部独立出资等方式，确保了球场设计上的自由度和创新性。这种差异为我国球场建设和发展提供了重要的启示：在投资模式、政策支持和设计理念等多个方面寻求改进和创新，以促进球场智慧化设计的应用和普及。

（3）运营方未能参与前期设计，球场设计与赛后利用脱节

尽管政策已明确推动球场建设理念的转变，即从以赛事服务为主导逐步过渡到以赛后服务为主导，但要达成以运营为导向的设计目标，确实需要投资方、设计方和运营方的紧密合作。然而，在实际操作中，由于球场设计阶段运营方尚未明确，设计方难以获取运营方的实际需求，设计方与运营方之间存在信息壁垒。这种设计与运营脱节的现象在我国体育场馆建设中屡见不鲜，球场建设亦是如此。以上海浦东足球场为例，由于其初期规划主要围绕世俱杯足球赛，所以地块面积有限，预留空间不足。在设计阶段，由于运营方尚未确定，设计方无法直接了解其运营需求，只能基于现有信息和预判预留可能的使用空间，这无疑给赛后的运营管理带来了挑战。

国内球场在设计过程中往往缺乏有效的信息沟通机制，设计师对球场未来的运营管理缺乏全面而专业的认识。这导致球场的功能设计相对单一，难以满足赛后多元化的利用需求。通常，我国新建球场由政府出资并委托相关单位进行设计建造，而运营方在球场设计前期往往尚未明确。在这种管理模式下，投入、规划、建设、维护、运行等各环节相对独立，缺乏有效的衔接，导致球场在设计和建造时难以同时兼顾赛事需求和赛后运营的实际情况。这种脱节不仅增加了赛后可持续利用的难度，也导致了球场在赛后运营中的"先天不足"。

（4）多功能利用考虑不足，球场赛后闲置较为严重

国内球场的设计普遍以体育比赛的功能需求为核心，这在一定程度上导致了其功能的单一化。以苏州昆山足球场为例，其设计初衷主要是满足国际足联世界杯的赛事要求，因此，该球场配备了 4.5 万个固定座位，内部空间布局相对固定，缺乏灵活性。这种设计保证了比赛设施设备满足专业需求，却未能充分预留赛后改造的韧性空间，使球场在赛事结束后难以灵活转变为演艺活动或其他大型活动的举办场地。另外，考虑到昆山地区的实际情况，如昆山市举办大型活动的频率及昆山 FC 在中甲联赛的实际观众人数（2019 年场均观众仅为 10451 人），昆山足球场的 4 万人容量显得过于庞大，难以充分利用。在球场的设计和建设过程中，虽然已明确有昆山 FC 球队入驻，但对其入驻后的实际运营状态考虑不够充分，缺乏对移动座椅设置的考虑，以及对赛后商业运营的深入规划。具体来说，球场在商业运营方面的考虑显得较为初步，仅在方案阶段预留了面积和指标要求，而并未有具体的实施计划。例如，外侧商铺的招租工作虽然由文商旅集团统一管理，但对于后期运营公司的选择和运营模式并没有深入、详细地规划和考虑。因此，从整体来看，苏州昆山足球场的设计和建设在满足专业赛事需求的同时，未能充分考虑到赛后运营和长期商业价值的发掘，需要在今后的规划和建设中加以改进与完善。

（5）职业联赛水平有待提升，俱乐部参与运营不足

目前，我国职业足球联赛正经历着低迷期，这一困境直接反映在俱乐部的运营上。由于投资人投资意愿的显著降低和部分投资人的撤资，职业俱乐部面临着严峻的生存危机。在这样的背景下，国外俱乐部发展中的重要路径和成功经验——俱乐部参与球场运营显得尤为重要。在国外，特别是欧洲五大职业足球联赛中，俱乐部参与球场运营被视为其成功运营的关键因素之一。这种参与不仅使俱乐部能够获取比赛及相关收入，而且使球场运营收入在俱乐部总收入中占据了相当高的比例。

然而，在我国，俱乐部参与球场运营却遇到了发展瓶颈。目前，多数职业足球俱乐部仅通过短期租赁的方式获得球场的使用权，对球场运营的参与程度远远不够。这种情况主要源于我国职业足球联赛水平相对较低，导致俱乐部在球场运营中缺乏话语权，难以深入参与。这种缺乏参与的状况直接影响了俱乐部主场氛围的营造、运营维护的顺利进行及球场商业开发的潜力。以为亚足联亚洲杯建设

的 10 座球场为例，仅有新北京工人体育场和上海浦东足球场在设计中融入了俱乐部元素。其中，新北京工人体育场增设了北京国安足球俱乐部忠实球迷看台，上海浦东足球场则将上海海港足球俱乐部的应援色与雄鹰队徽进行了融合。相比之下，其他球场由于缺乏俱乐部的入驻，球场设计与后期运营需求之间存在差异，这对于球场未来的可持续发展构成了障碍。

（6）政府投资建设，赛后利用考虑不够

虽然目前球场的投融资方式多种多样，但多数球场的建设仍以政府投资为主导。鉴于球场通常具有庞大的规模，需要高昂的投入及较长的投资回收周期，其维修和运营费用也相对较高，如果缺乏市场化的运作方式，政府将承担巨大的财政压力，这无疑会阻碍球场的可持续发展。

在我国，球场的规划设计过程中，政府业主方扮演着主导角色。设计方在遵循政府需求和设计任务书的前提下进行设计工作。然而，在这种模式下，设计方常常面临多重挑战，如设计理念的局限性、资金限制等，导致许多先进的建筑设计理念难以在球场建设中得到实际应用。因此，大多数球场的设计仅能满足赛事需求，而环境可持续设计和赛后可持续利用的设计往往因预算限制等原因而无法实现。

相较之下，国外的球场大多由俱乐部自行建设，它们在设计时更侧重于赛后的利用，力求满足球队、赞助方、赛事方等多方面的需求，从而建设出更符合运营需求的球场。鉴于国内外在球场设计建设上的理念差异，以及国内缺乏统一的球场建筑设计规范，我国在设计球场时往往过于强调竞赛需求，而忽视了商业化利用和日常开发利用的重要性。因此，我国有必要借鉴国外经验，结合国内实际情况，尽快制定并出台国内球场建筑设计规范，同时转变政府的设计理念，为设计方提供更多的政策和技术支持，以推动国内球场建设的可持续发展。

4.2.2.3　社会可持续方面存在的问题

（1）缺乏人文关怀，可持续发展理念未被重视

虽然目前有球场将无障碍设施纳入了球场设计的考虑中，但在对上海浦东足球场、成都凤凰山足球场、苏州昆山足球场等球场实地调查及对设计方、运营方访谈后发现，目前我国部分球场未能严格按照《国务院关于加快推进残疾人小康进程的意见》等关于无障碍环境建设的相关政策和标准，全面推进无障碍环境建设。

将特殊人群的需求纳入球场设计中，加强和改进残疾人等特殊人群的基本公共服务，是改善残疾人生活质量、提高残疾人自我发展能力、加快推进残疾人小康进程的有力支撑。未来的球场及赛事必须致力于打造无障碍生态系统，提供更具包容性的服务。因此，除了球场的绿色节能建造和赛后可持续利用，应以举办赛事为契机，借助球场的建设加快民生改善进程，消除社会歧视。在球场的建造设计与后续运营中，应将人文关怀充分考虑其中，为残疾人等特殊人群提供平等的观赛机会，使其也能够获得观赏高水平足球赛事的机会，从而为残疾人等特殊人群带来实实在在的获得感、幸福感。

（2）球场设计缺乏文化元素，不利于足球氛围营造

作为足球文化的空间载体，球场不仅承担着足球赛事的举办，更肩负着培育、传播足球文化，以及吸引和培养足球爱好者、参与者的重任。《方案》明确提出了"全社会形成健康的足球文化"的宏伟目标，这凸显了足球文化在推动中国足球发展中的核心地位。然而，当前球场在规划设计中普遍缺乏对足球文化元素的足够体现。一些球场在设计和建设中未能充分考虑足球文化的融入，导致球场在外观上缺乏独特的足球文化标识，内部也未能设置足球博物馆等文化展示区域，从而限制了足球文化的传承与培育。此外，球场外围的体验空间也相对缺乏，使球迷和游客在参观球场时难以深入感受足球文化的魅力，这对后期球场运营中足球文化的培养与传播构成了一定的挑战。除了球场设计本身，球场的发展还深受当地足球文化氛围和居民热衷程度的影响。一个成功的球场不仅要有先进的设施和设计，更需要有浓厚的足球文化氛围作为支撑。只有当球场成为城市文化的一部分，与当地居民的生活紧密相连时，才能真正吸引球迷和游客的关注，并在赛后持续成为城市的热点。

因此，为了营造良好的足球文化氛围，凸显球场的差异性，并增强公众对球场的文化认同感，需要从多个方面入手。首先，在球场设计过程中要充分考虑足球文化的融入，通过独特的外观设计和内部设施来展示足球文化的魅力。其次，要加强球场与当地社区和学校的合作，开展各种足球文化活动，如足球比赛、足球培训、足球文化交流等，以吸引更多的居民和游客参与。最后，还可以借助社交媒体等渠道加强球场的宣传和推广，提高球场的知名度和影响力。

4.3 促进我国球场可持续发展的建议

根据我国球场可持续利用的实际情况，参考世界杯球场可持续利用的成功经验，本研究从环境、经济和社会三个方面提出促进我国球场可持续利用的建议，以使我国球场的设计建造、赛时使用和赛后利用更加可持续，为球场所在城市留下丰富的遗产，推动球场可持续利用，促进环境、经济和社会可持续发展。

4.3.1 我国球场环境可持续发展建议

4.3.1.1 减污降碳，推动清洁生产

国外世界杯球场在可持续发展方面的具体实践及策略，对我国球场可持续发展有十分重要的启示和借鉴价值。我国球场未来应以环境可持续发展为目标，创新设计，使用可拆卸结构、可再生能源、绿色建筑材料，按照可持续发展理念，推进球场绿色、低碳建设与可持续运营，以实现我国球场的可持续发展。

在建设之初就采用可回收的建筑材料，未来进行翻新或改建时，被拆除产生的建筑垃圾还能得到重复使用，不仅可以减轻垃圾处理的压力，还可以减少对环境的影响。同时，未来在球场的改造中应考虑风能和生物质能的利用，缓解能源压力，促进球场清洁生产。例如，将太阳能电池板设置在屋顶、停车场或其他的位置，为球场提供能源，减少传统能源消耗和碳排放。政府还应扶持相关高科技初创企业的发展，并将其作为球场的建造合作伙伴，共同打造清洁、高效的能源使用体系。

4.3.1.2 发布可持续认证标准，推进球场绿色认证

目前国内球场体量大、规模大，如果没有统一的可持续认证标准，从建设到运营都将对当地的环境产生巨大的影响。我国球场应从用户需求出发，着眼于提升用户体验，避免盲目地高额投入，切实解决目前球场建设中存在的突出问题。在我国亚足联亚洲杯球场建设过程中，缺少纲领性赛事可持续发展文件的指导和具体的可持续认证条例，导致各球场未能将绿色认证纳入发展目标。因此，建议中国足球协会制定具体的支持政策，政府和体育管理部门也要积极出台相关可持续认证标准，加强对可持续发展行为的引导，指导各地建设绿色球场，推动经济、

社会可持续发展。

在可持续发展文件出台后，要通过宣贯、认证等措施提高政策执行的有效性。在球场建设过程中，与本地和全球供应商合作时，应按照可持续采购和认证标准的要求，对供应商进行监督和评估，确保供应商的理念符合建设可持续赛事的愿景。同时，还要对供应商及被许可方进行严格监督和评估，使其满足可持续采购准则的要求。通过出台相关可持续采购准则，可以促使球场积极向低碳环保生产转变，推动环境可持续发展。在球场的设计建设过程中，应积极借鉴 LEED、GSAS 等国际认可的可持续发展管理相关标准，深入研究国外球场可持续发展管理的工作流程和指导原则，研制出符合中国国情、具有中国特色的球场可持续发展标准，以推动建设绿色、可持续球场。通过政策的支持和引导，有助于推进未来的足球赛事及球场的可持续发展。

4.3.1.3　贯彻落实环保理念，着力打造绿色球场

根据国外相关调查，体育建筑是在全球能耗总量中占比较大的建筑类型之一，但随着生态文明意识的增强，节能降耗已成为场馆践行绿色环保理念的重要体现，适宜技术的应用使其在节能减排上有着巨大的潜力。在原亚足联亚洲杯球场的建设过程中，部分球场主动将绿色可持续发展理念贯穿始终，为未来球场或其他专项体育场馆的建设提供了示范。设计阶段作为球场从无到有的开端，在此期间对结构的设计、建材的选用、设备的配置等都直接关系到后期球场运行时在能源上的成本支出。因此，球场的业主方、设计方应增强绿色环保意识，在设计时主动采用绿色技术，以科技创新引领绿色球场的建设，有效降低后期球场的运行成本。一方面，合理的结构造型是球场可持续发展的基础，应平衡球场造型的标志性和实用性之间的关系，避免过度追求特殊建筑形式而耗费大量建材，通过借助实用性结构技术，如球场屋顶界面设置屋顶天窗，选用 PTFE、ETFE 等半透明膜材料达到自然采光的目的，或根据所在地区的气候来确定球场外立面的结构和材料以满足通风和保温的需要，从整体上减少球场在采光、暖通设备方面的能耗。另一方面，出于赛时和非赛时对设备要求差异化的考虑，球场应积极引进现有的数字化技术，紧跟物联网最新发展动态，采用完备的能源管理系统来控制场内的声、光、热、水、电等设备，确保赛时与非赛时各设施设备之间的自由切换，实现全生命周期内的节能、节水和环境保护，西安国际足球中心对于智能照明管理系统、雨水回收系统、中水处理系统等的综合利用可供参考。

4.3.2 我国球场经济可持续发展建议

4.3.2.1 以改代建，降低球场建设成本

世界杯赛事对承办球场要求极高，为达到办赛要求，举办方需提供大量资金、资源以取得举办赛事的资格。与新建球场相比，改造或翻修现有球场，不仅可以降低建设成本，还可以节省土地资源，提升土地利用率。我国新建球场规模普遍较大，仅有新北京工人体育场和天津滨海足球场两座球场为重建和改建，但目前我国足球赛事供需矛盾突出，球场上座率不高，高端足球赛事数量严重不足，导致球场闲置较为严重，大量座席闲置，资源浪费较为严重，加大了球场可持续利用的负担。

未来，我国承担大型赛事所需要的球场和大型体育场馆应该以改造为主、新建为辅，降低建设成本。改造不仅可以降低建造成本、减少资金投入，还可以有效避免后续场馆间同业竞争。以改代建还有利于减少城市用地的使用，随着中国城镇化的不断推进，土地资源变得日益宝贵，体育用地的数量更加紧缺。因此，采取有效的措施来重新利用现存足球运动场，不仅能够大大减少资源的消耗，还能够节省大量的城市空间，避免对城市资源的占用。

4.3.2.2 科学确定球场规模，化解需求矛盾

在观察历届亚足联亚洲杯及世界杯比赛时，不难发现一种普遍现象：赛事期间球场上座率往往高涨，但赛事结束后，许多场馆却面临空置和上座率骤降的困境。这凸显了球场规划与设计时必须充分考虑其赛后运营实际需求的重要性。在满足国际足联等机构规定的亚足联亚洲杯、世界杯办赛标准的同时，球场的可持续发展已成为一个重要议题。在这个方面，俄罗斯和卡塔尔的建设模式为我们提供了宝贵的启示。例如，卡塔尔世界杯的卢塞尔球场、阿尔贝特球场及974球场都采用了临时看台和可拆卸设计，这些设计不仅满足了赛事期间的观众容量需求，同时也为赛后的场馆再利用提供了灵活的解决方案。

目前我国在球场资源供给方面已有了显著的改善，但如何高效利用这些资源，进一步提升球场的运营效率，仍是需要面对的重要挑战。地方政府在申办赛事时，应理性考虑城市的经济文化发展情况、体育传统等因素，以及赛事对城市长远发展的影响，避免盲目追求政绩而建造超出实际需求的球场，确保场馆建设与城市发展相协调。同时，也应该注意到，尽管球场赛后利用问题确实存在，但

合理的规划、选址和建造规模选择，可以为城市带来多方面的综合效益，包括提升城市形象、促进消费、改善基础设施、提高就业率等。因此，需要从多个角度综合考虑，确保球场建设既满足赛事需求，又实现可持续利用，为城市的繁荣发展贡献力量。

4.3.2.3 强化运营导向，加强投资方、设计方与运营方三方协作

国外的球场多由私人公司投资和经营，这些公司通常参与了球场的规划设计。尽管国外也有政府出资建设的球场，但在建设前基本也会确定球场运营方。因此，不论何种情况，球场的设计都应该充分考虑其赛后的可持续利用，在建筑设计的全流程中，应建立一套全面、高效的沟通和反馈机制，帮助建筑师更快地识别出未被充分考虑的潜在风险，并且根据这些风险优化其设计方案，尽可能满足球队、赞助方、赛事方等多方需求，建设满足运营需求的球场，从而降低赛后运营的难度。

虽然我国球场管理正积极推进企业化运营改革，但具有丰富球场运营经验的管理团队仍十分缺乏，这对于球场设计也提出了较大挑战。国内需要借鉴国外经验并结合自身实际，尽快建立国内球场设计规范，指导各地进行球场规划设计，同时，要积极转变政府理念，给设计方提供更多政策和技术上的支持。鉴于目前国内球场的设计、建设、运营脱节的现实，应加强投资方、设计方与运营方的三方协作，积极推进运营前置理念，尽量在规划设计之初就确定运营机构，并由运营机构参与球场前期的规划设计，将球场赛后运营方案纳入球场设计，避免球场设计"先天不足"。

4.3.2.4 提前谋划赛后利用模式，降低球场运营风险

球场投资建设成本巨大，因此必须采取有效的措施来确保它们能够长期稳定地使用。2019 年发布的《国务院办公厅关于促进全民健身和体育消费推动体育产业高质量发展的意见》中提出：政府投资新建场馆应委托第三方企业运营。根据国家政策，新建场馆应委托第三方企业运营，但在具体实施过程中要充分考虑到选用哪种赛后利用模式，并以何种方式（委托管理等）来引入第三方机构来运营。

球场的规划设计应该改变传统的规划设计理念，以赛后利用为主，兼顾赛时需求，在考虑采用何种赛后利用模式时，需要考虑各个城市的发展实际，结合该

地区的经济状况、人口结构与数量和足球运动基础等，制定出一套完善的战略，以实现球场的可持续发展。根据国外相关研究，目前国外球场赛后利用的主要模式是职业体育模式，但国内外足球文化氛围差异较大，职业足球发展不在同一水平，国内俱乐部的水准也与国外俱乐部存在较大的差异，很难保证球场采用职业体育模式在赛后能有良好的运营效益。因此，在球场规划设计时，要综合考虑球场定位，细化赛后发展方向，制定出更加精准的赛后发展策略，提高球场设计韧性，兼容更多元化的运动项目，丰富服务内容，积极打造体育服务综合体，满足群众多元化一站式服务需求。

4.3.2.5　打造专业运营团队，俱乐部参与运营

我国的球场大多由政府主导投资，以政府财政资金为主要来源，大多在球场建造完毕后才开始考虑引入运营机构。为控制投资成本，政府方易否决部分有利于球场赛后运营的创新性设计，导致球场设计仅能满足办赛需求，创新性不足。为促进球场可持续利用，提高盈利能力，应学习国外优秀球场的运营经验，积极打造专业运营团队，推进运营机构前置。借鉴其他专业场馆在可持续发展领域的成功经验，鼓励职业足球俱乐部参与球场运营，促使运营机构的使用需求能在球场设计中得以体现，以提高球场的经济效益。

足球俱乐部不仅仅是一个简单的体育组织，还是所在城市的代名词，对于提升城市影响力、知名度有重要影响。足球俱乐部与它所在的城市相互影响、相互促进。为实现可持续发展，在人口数量众多、经济较为发达、足球娱乐需求高、足球氛围浓厚的城市，地方政府应该加大对足球俱乐部的投资力度。当球场与俱乐部紧密合作时，对内可用作足球俱乐部训练场地和主场及球迷的精神家园，对外可以承接大型足球赛事等文体活动。目前，我国职业足球俱乐部发展比较缓慢，政府可以针对各地实际情况，以球场经营权入股足球俱乐部，对足球俱乐部进行投资，支持俱乐部稳步发展。足球俱乐部还可以通过担任城市形象大使，提升城市形象，如果足球俱乐部的名称包含它所代表的城市名称，那么在每一场足球比赛中，城市的名字都会被广泛传播，受到媒体和球迷的高度关注。政府通过投资或扶持职业足球俱乐部，培养优秀的运营人才，可以提供更多的就业机会，提高城市知名度，改善城市形象，提升城市的吸引力，促进城市经济的发展。

4.3.3　我国球场社会可持续发展建议

4.3.3.1　打造足球赛事，推动职业体育发展

政府和俱乐部合作打造高水平系列足球赛事，可提高赛事观赏性，推动职业体育发展。同时，高水平的足球联赛还可以进一步提高足球参与者、爱好者的需求黏性，培养球迷文化。一方面，球迷文化的培养对于球场的赛后利用非常重要，只有培养球迷文化和球迷群体，才能保证球场的核心属性得到体现；另一方面，通过提高赛事可观赏性来培养足球文化，可在赛事期间满足球迷观赛、休闲娱乐需求的同时，在非赛事期间通过多元化的球场体验项目及足球主题博物馆等将球迷群体和非球迷群体吸引到球场中。

通过举办高水平商业足球赛事、明星足球赛事、地方联赛等，提高球场知名度，提升球场利用率，发挥赛事对球迷的吸引作用。球场与俱乐部应建立紧密的合作关系，通过合作培训、竞赛等将中小学、高校与俱乐部连接起来，培养更多足球爱好者。依托球场建立俱乐部培训基地，广泛开展足球培训服务及足球后备人才专项培训，不断增加足球参与人口，加强俱乐部后备梯队建设，培养更多优秀足球后备人才，推动职业体育发展，促使足球运动可持续发展。

4.3.3.2　扩大足球项目群众基础，促进足球运动可持续发展

为了促进球场的可持续发展，必须大力推动足球运动可持续发展，扩大足球项目的群众基础，在交通可达性高、群众基础较好的球场，应积极开展青少年足球培训，并不断扩大足球项目群众基础，提高球场体育服务供给水平，拓宽业务范围。制订针对帮助女孩的足球计划，为当地女孩提供足球培训，扩大足球项目的受众面，是赛后可持续发展的重要环节。支持女子足球，一方面可以鼓励女性参与足球及其他社会活动，支持足球运动平等发展；另一方面可以扩大足球参与人群，提高足球运动活力。同时，为需要的残疾人和孤儿提供足球培训，使其有机会接触足球，并通过足球活动扩大社交圈，丰富其社会活动，以打造更加包容的可持续发展社会。

根据实际情况积极组建社区联赛，将足球融入当地社区，保持足球在社区中的活力。通过有目的的计划，可以让当地社区的居民积极参与比赛，在社区中传播足球观念，也可以活跃社区氛围，满足群众的体育锻炼需求，形成良好的社区氛围。例如，苏州昆山足球场在周边打造了体育生态公园，球场作为该公园的地

标性及核心建筑，在赛后可以积极举办赛事及社区活动，吸引球迷和社区居民前来游览、参观和比赛，并在社区普及推广足球运动，以形成和谐的社区氛围，提升社区的凝聚力。

4.3.3.3 塑造独特球场文化，打造足球文化新地标

在当前我国足球赛事资源相对匮乏的背景下，培育足球文化显得尤为重要且必要。为了促进球场的可持续发展，需要开拓新的思路，通过塑造独特的球场文化和营造良好的足球氛围与消费场景来吸引球迷及公众。一方面，球场可以设立球迷参观通道，让足球爱好者有机会近距离接触并了解球场的设施、功能及运营系统，使他们能够沉浸式地感受球场的设计理念。这种亲身体验将加深球迷与球场的情感联系，增强他们对足球文化的认同感。另一方面，通过规划足球主题的特色商业街区，可以打造一个集餐饮、娱乐、购物于一体的球迷消费聚集地。这不仅能吸引更多的球迷前来消费，还能通过商业活动进一步拉动球场的人气，凸显球场的差异化定位。这样的商业模式将使球场成为球迷文化的中心，增强观众对球场的黏性，并为城市增添一道独特的风景线。

在球场外部设计中，融入当地文化特色是关键。通过巧妙的设计，可以将球场打造成为代表城市文化特征的新地标，凸显其独特的文化价值。这样的设计将使球场不仅成为举办赛事的场所，还成为传承和展示城市体育文化的物质载体。一座具有浓厚足球文化氛围的大型球场，在赛后也能发挥重要作用。它可以为各种社区活动、文化展览、商业演出等提供场地支持，为城市的发展注入新的活力。同时，它还能成为城市形象塑造、社会风气改善、城市面貌提升的重要推手。因此，在球场建设中，不仅仅要注重其绿色可持续的建造设计，更要将其作为文化传播的载体，持续推动足球运动的可持续发展。

4.3.3.4 出台可持续文件，构建更高水平的公共服务体系

可持续设计作为城市可持续发展的核心策略，其本质在于创造性地利用和规划资源，以减少产品生产和城市服务活动对环境的不良影响。这包括更高效地利用自然资源，以及合理分配财政和人力资源。球场不仅是城市重建的催化剂，还在场地利用、与周边环境的融合及资金筹措等方面扮演着重要角色。为充分发挥球场的这些作用，政府和体育管理部门应当加强对可持续发展行为的引导和监管，出台相关政策和文件，确保项目的长期效益。

新建及改建 10 座专业性球场的目的都是承办国际大型球赛,没有考虑到社会大众的参与需求,若针对公众开放,则可能会有很大的运营压力。现有的城市或社区应为居民提供更完善、更便捷的城市设施,提高步行空间和公共交通的舒适度,在城市中建造温馨舒适的公共空间、学校和医疗机构,让市民平等地享受服务。专业性球场更应该发挥其作为公共建筑应具有的功能,通过提供专业赛事服务,满足公众的赛事观赏需求。随着竞赛表演业日益成为体育产业的重要部分,针对目前足球赛事不足的状况,政府应支持足球俱乐部的发展,与其共同打造百姓喜爱的高水平赛事,满足公众的竞赛表演观赏需求,构建更高水平的公共服务体系。

4.3.3.5 营造积极文化氛围,推广可持续发展理念

在强调可持续发展的今天,赛事的举办需紧密融合绿色环保、低碳经济等核心观念。为了确保赛事的高质量和广泛影响力,必须同时促进比赛场地、相关基础设施和服务的全面发展,以实现专业球场及大型赛事的可持续化。政府在此进程中扮演着至关重要的角色,应积极营造浓厚的文化氛围,鼓励居民学习可持续知识,提高社区内部的公众参与能力,从而增加公众对城市管理的参与度和热情,共同推动社会的可持续发展。

为了将可持续理念转化为实际行动,政府可以通过各种宣传手段普及可持续知识,并采取激励措施,如为选择骑自行车或使用其他公共交通方式到达比赛现场的观众提供免费门票或食品。这种措施能够有效鼓励球迷们采用环保的交通方式,从而减少比赛日汽车尾气排放对环境造成的负面影响。此外,以球场为中心的周边社区也应充分利用举办大型赛事的机遇,积极鼓励居民参与球场的前期设计和赛后运营工作。比赛期间,这些社区可以进行环境保护的宣传活动,营造一种积极向上的文化氛围,使当地学生、居民能够深入了解并参与到可持续发展计划中。

球场赛后利用模式研究

加强赛后利用模式的研究，对于指导球场选择合适的运营模式具有重要意义。不同的利用模式，如职业体育模式、综合开发模式、全民健身模式及赛后拆除模式，各有独特的适用条件和优势。这些利用模式的适用性不仅取决于球场所在地的社会经济条件、体育产业发展水平，还受到政策环境、市场需求等多方面因素的影响。本研究将通过深入剖析各种利用模式的特点、应用条件及影响因素，构建球场运营模式选择的核心影响因素指标体系，并结合实证分析，提出不同运营模式的应用建议。

5.1 球场运营主要模式及应用条件

梳理分析国外世界杯各球场的赛后运营状况与主要运营模式后，结合国内实际情况总结出以下四种球场主要运营模式。

5.1.1 职业体育模式

职业体育模式是指球场有稳定的职业联赛球队入驻、运营或所有，围绕职业体育联赛开展业务活动的运营模式，其主要收入来源为租赁、无形资产开发、多元化服务，以及成本控制等的优化组合。由于足球与其他众多体育活动相比，具有职业化程度高、商业开发模式完善等特点，而各大球场大多因承办大型足球赛事而建，球场在赛后无须进行过多改造即可迅速作为职业足球俱乐部主场投入赛后使用，成为开展职业足球联赛的物质载体，所以这种模式被认为是最适合球场可持续利用的有效模式。

国外职业体育模式在具体球场中的应用主要有以下两种。

第一种为俱乐部直接参与球场运营，如 2006 年德国世界杯中的慕尼黑安联球场、汉堡 AOL 体育场（现为汉堡英泰竞技场），2002 年韩日世界杯中的日本鹿岛足球场等，一般为公立球场委托俱乐部管理，或俱乐部采取 PPP 模式参与球场投资、运营。在这类球场中俱乐部对于运营管理有一定的话语权，俱乐部为球场带来了丰富的赛事资源和稳定的球迷数量，同时俱乐部参与球场运营可以充分发挥俱乐部在内容生产方面的积极作用。在这种模式中还有部分欧美俱乐部及股东自行投资建设运营球场，这充分说明了球场在俱乐部发展中也发挥着举足轻重的作用，因此建立俱乐部与球场之间的产权关系也至关重要。

第二种为俱乐部采用租赁方式取得球场使用权，如 2006 年德国世界杯中的汉诺威 AWD 球场、纽伦堡法兰克人体育场等大部分球场，2002 年韩日世界杯中的日本札幌穹顶体育场等，一般是俱乐部长期租赁公立球场，或委托第三方专业机构运营管理。与直接参与球场运营的俱乐部的不同点在于租赁的俱乐部只有缴纳租金才能使用球场，这就导致俱乐部要将收入的一部分拿出来支付场地租金，相较于直接运营模式而言，缺少在球场利用上的自主权，不利于俱乐部的长期发展和球场的持续利用。

在职业体育模式中，俱乐部是球场的主要使用者。俱乐部若参与场馆运营，则可以为场馆带来大量赛事活动，提高场馆的利用率和上座率。2013 年，在全国拥有的 1093 个大型场馆中，举行全国及以上赛事活动在 10 场及以上的仅有 50 个场馆，这 50 个场馆中，45 个场馆接待过俱乐部，绝大多数为俱乐部的主场馆。举办全国及以上赛事活动在 20 场及以上的仅有 11 个场馆，这 11 个场馆全部为俱乐部的主场馆。这足以证明俱乐部主场馆举行大型赛事活动频率要普遍高于其他场馆。因此，俱乐部如果能够参与球场的运营，一方面，可以借助俱乐部的赛事活动资源，举行更多的大型活动，有效提升场馆利用率，在一定程度上缓解当前我国体育场馆利用率较低的现实问题；另一方面，高质量球场作为职业体育俱乐部主场使用，不仅可以为球场带来稳定数量的赛事，减轻球场运营压力，还可以成为职业体育发展的催化剂，带动当地职业体育的快速发展。

5.1.1.1 应用条件和应用策略

球场赛后是否能采用职业体育模式与当地职业足球发展水平、当地大型体育场馆竞争程度、当地球迷文化氛围等多个影响因素相关，该模式在应用条件上主要适合于当地有足球，或者其他如棒球、橄榄球等职业赛事的群众基础，并且有适宜俱乐部作为主场的球场。若当地没有足够的体育人口及相关的体育赛事文化背景，则不适合以职业体育模式为主导进行赛后运营规划。

职业体育模式的应用策略可参考广泛应用于欧美国家多个大型竞技性体育场馆中的俱乐部经营管理模式，这些球场多为政府出资建设，授权俱乐部经营，并且经营管理权多属于当地实力雄厚的民间财团，实行纯营利性质运营。其优势在于：一方面，球场有着固定的资金来源，能有效提高运营效率，更好地满足球迷需求，有利于职业体育的发展；另一方面，球场可以在财团的支持下常年举办高质量体育赛事，有助于提升球场收入、体育赛事举办频率及财团的社会形象，使球场收入、体育赛事和财团利益形成紧密的利益共同体，为职业体育的发展提供良好的条件。财团不仅为球场赛后运营提供资金支持，还通过举办体育赛事提升自身社会形象，从而获得更多的经济回报，实现体育赛事发展与财团经济利益的双赢。因此，我国球场也可借鉴这种俱乐部经营管理模式，授权俱乐部经营的同时将运营权由政府移交给第三方企业，从而有效提升球场盈利能力。

随着国家鼓励地方政府以场馆入股俱乐部，国内部分俱乐部开始参与到球场运营中，这不仅有助于提升球场赛后的使用效率，也能够满足俱乐部自身发展的实际需求，从而推动职业体育的健康发展。但目前国内俱乐部入驻公共体育场馆大多以短期租赁的方式使用，这种方式使俱乐部在参与球场运营的实践中面临诸多问题，如俱乐部参与度不足、合约期限较短、事后参与和俱乐部话语权较弱等。

国内俱乐部参与场馆运营的可行路径有：①场馆经营权作价入股俱乐部；②场馆委托俱乐部管理；③俱乐部长期租赁场馆；④俱乐部采取 ROT 模式获得场馆经营权；⑤成立合资场馆运营公司；⑥支持俱乐部自建场馆。

在运营过程中可参考的改进方式有：①智慧化赋能，由于俱乐部会员多、客流大，只有开展多元服务，提高球场创收能力，才能为开展职业体育模式的球场带来更大的盈利空间；②在球场内增加俱乐部博物馆、球迷商店、赞助商酒廊、球迷会面处等配套设施，增加球迷和球队的互动，这样既可以提高球场上座率，又可以为球场和俱乐部带来更多的利润，使运营收入持续性增长。

5.1.1.2 典型案例分析

（1）慕尼黑安联球场

2006 年德国世界杯开幕式赛场慕尼黑安联球场由俱乐部自主投资建设，于 2017 年由拜仁独自拥有球场的所有权，并由慕尼黑安联球场有限公司运营，为典型的职业体育俱乐部运营模式，且俱乐部直接参与运营，主要依靠俱乐部在球场内开展高频次活动和提升球场上座率来提高其赛后利用率。

拜仁不仅作为球场运营方运营球场，还作为球场的内容生产方为球场带来了丰富的赛事资源，如俱乐部参加的德甲和欧冠杯等诸多具有长周期、高频次特点的体育赛事能极大提升球场日常使用频率。此外，良好的赛绩及将球迷吸纳为俱乐部会员的"会员制"治理结构使俱乐部拥有了庞大的球迷数量，进一步提升了球场上座率。因此，俱乐部运营球场不仅可以提升球场赛事频率和利用率，还可以提升球迷对球场的忠诚度，形成赛事开展—球迷参与的良性循环模式，促进球场良性发展。

（2）札幌穹顶体育场

札幌穹顶体育场（札幌巨蛋）由札幌巨蛋株式会社运营管理，该球场是2002—2014年4届世界杯的主要球场中赛后利用指数最高的一个，其 SUI 指数值高达46.65，主要原因就是该球场拥有两大常驻俱乐部——北海道札幌冈萨多（足球）和日本火腿斗士（棒球）。该球场不仅为它们共同的主场，也是 2020 年日本东京奥运会的赛事场馆之一，还是北海道体育和娱乐的发源地。作为日本唯一一个完全采用室内天然草皮的足球场和世界上第一个采用悬停系统的足球场，以及足球、棒球组合型球场，札幌穹顶体育场在 2012 年共举办各类赛事 83 场，包括 11 场足球主场比赛及 72 场棒球主场比赛，若仅作为足球场使用，SUI 指数值约为 5.00，加入棒球功能后其 SUI 指数值才能高达 46.65。

札幌穹顶体育场作为双俱乐部主场尤其是作为赛事频率更高的棒球俱乐部主场，显著提高了年赛事频率和赛后利用指数。职业俱乐部的周期性赛事对世界杯后球场赛事频率的提升有着显著作用。札幌穹顶体育场 SUI 指数值在世界杯所有球场中排名第一，其赛后利用模式值得借鉴。

5.1.2 综合开发模式

由于球场建设投资成本巨大，在赛后维持运转成为球场可持续运营的重要任务。各国经济发展程度不同，国内联赛体系发展成熟度也参差不齐，因此仅依靠单纯的职业体育模式很难保证各球场在赛后的运营效益，为此对部分球场进行综合性商业开发成为其长期使用的必然要求。

球场的综合开发模式是指球场以体育本体产业为核心，除关注其体育属性

外，通过植入零售、餐饮、培训、旅游、会展等多元业态，变单一的体育建筑
为多业态融合发展的体育服务综合体。该模式不仅有利于解决球场缺乏足球俱
乐部长期租用而带来的收入不足问题，也能使综合体内部的服务要素及经营要
素与所在地区的体育产业相互渗透，保证球场可持续发展。结合对国外世界杯
球场主要运营模式的梳理，纵观近几届世界杯赛事球场，除德国世界杯承办球
场和部分私人或俱乐部投资建设的球场外，其余球场因本国职业体育发展不够
成熟、联赛体系不够健全而采用综合开发模式对球场进行赛后经营。

综合开发模式有两种具体表现方式。第一种是对球场附属空间的综合开发。
例如，日本鹿岛足球场利用附属空间开发多元业态，吸引市民和游客前来参观；
莫斯科卢日尼基体育场则开发了包括博物馆、酒店、会议中心、健身中心、体
育活动中心和温泉 SPA 等在内的多元配套设施，丰富球场功能，拓宽盈利渠道。
第二种是对球场所在片区进行综合开发，与城市周边其他建筑共同打造文旅服
务综合体，促进城市一体化建设。例如，萨马拉竞技场在赛后进行整体规划时以
"绿色城市"为宗旨，围绕球场周边打造体育服务综合体，为市民提供购物消费场
所和休闲娱乐服务，通过城市片区多功能体育服务综合体的建设促进了区域的发
展和居民生活质量的提升。

综合开发模式是球场赛后利用的重要模式，也是未来大型球场发展的主要
趋势之一。它提倡将体育元素融入人们的生活，从而改变单一业态发展方式。
一方面，通过与其他业态融合发展，形成共生机制，共享红利；另一方面，对
球场或球场所在的城市片区进行综合性商业开发，有利于促进体育与商业、健
康、旅游、文化等各类业态的融合发展，提升球场自我造血功能，增强球场的
长期运营能力。

5.1.2.1 应用条件和应用策略

球场综合开发模式的选用与球场选址、区位条件和周边配套、当地经济发展
水平、体育消费水平等因素息息相关。其适用条件有：①球场交通便利，处于人
流量较大的市区，可达性强。一方面，便于消费者抵达球场，另一方面，到达
体育综合体的居民有一定的消费能力，如俄罗斯喀山竞技场和国内的上海虹口
足球场，所在地段繁华且消费水平较高。与之相对应，在规划时还要有完善的
停车设施和场地，这样才能更吸引四面八方的人气，增加球场商机。②球场在建
设时就应为未来运营预留灵活变化的空间，包括一定的商业配套。可借助体育赛

事等大型活动的巨大流量，使场馆从停车、餐饮、酒店、购物、露营等服务中获取利润。③球场的服务要争取向个性化与差异化发展，最好将球场交给专业运营团队运营。部分球场还可为观众提供定制服务，以吸引更多的观众消费，这样也能最大限度地开发球场的多业态空间。

适合采用综合开发模式的球场大多兼具业态综合化、运营规模化、一站式体验、土地集约开发等特点。国内体育服务综合体发展得到了《"十四五"体育发展规划》等政策的大力支持，建议各城市根据自身发展特点和群众实际需求，制定相应的体育服务综合体开发与改造支持政策，引入成熟的开发商、俱乐部和运营管理方，将球场所在区域打造成居民生活、休闲娱乐的核心区。

综合开发模式在我国球场的赛后运营中适用于那些以提升其商业价值为前提进行建设的球场，若球场新建时仅考虑到赛时需求，则赛后运营时需要以提升商业价值为基础对其基础设施（包括观众座席、比赛场地、场馆的外立面和周边环境等）进行改造升级，以提升消费者体验为前提打造体育服务综合体，促进球场多业态运营，从而增加球场收入、缓解球场经营压力。主要措施有以下三个方面。

第一，由于目前国内各球场的衍生服务项目较为单一，各球场专业运营公司应积极建立合作伙伴关系，加强与文化旅游、商贸、休闲娱乐等产业融合、建立合作关系，主动协商利用球场附近资源，着力发展各类新型体育运动空间，引入多元大型活动，将球场打造成一个以体育为主题，配套服务功能完善、服务业态多元的体育服务综合体。

第二，建议各球场运营公司在开展体育赛事的基础上，充分发掘球场看台下、首层外围等空间，通过场地租赁引进休憩玩乐、餐饮、商品零售等多元产业，提供多元化的消费体验，持续吸引人流，提升球场的服务质量和社会影响力。

第三，力求拓宽服务领域，延伸配套服务，使球场承办更多高水平体育赛事活动，树立内容产业思想，努力确定球场的市场主体地位，充分开发如冠名权、广告和商务赞助等球场无形资产，实现最佳的运营效果。

因此，我国球场除经营体育本体产业外，应多思考如何把与之相关的商品零售、美食餐饮、休闲娱乐、教育培训、商务酒店、足球博物馆等多元业态植入运营体系。对此，政府应进一步强化土地供应保障，优化审批程序，解决用地性质困惑，鼓励球场多元业态的布局打造。同时，球场应前置多元经营理念，在设计之初即规划未来经营业态，以提早布局，避免赛后进行改造。

5.1.2.2 典型案例分析

（1）日本鹿岛足球场

日本鹿岛足球场是典型的综合开发模式结合职业体育模式的球场，其综合开发模式体现在积极拓展可利用范围上，在多种不同领域开展非体业务，在与足球亲和性程度较高的健康、医疗、娱乐等领域开展的非足球业务增加了球场营业收入。鹿岛足球场不同领域项目的开展情况如表5-1所示，除了举办足球比赛，球场周边还开发了健康项目、护理项目、跳蚤市场、啤酒花园，积极举办赈灾重建、慈善演唱会等各种音乐活动及非正式的求职活动等。鹿岛足球场还被视为交通枢纽，其停车场在除比赛日以外的时间都免费对外开放，部分连接东京站和鹿岛市内的高速巴士"鹿岛号"也会以鹿岛足球场为始发站、终点站，俱乐部通过"足球运动+非足球活动"把鹿岛足球场打造成了一个多功能的复合型球场。

表5-1　鹿岛足球场不同领域项目的开展情况

时间	项目开展情况
2006 年	进军健康产业（健康广场）
2009 年	球场啤酒花园开放
2011 年	康体广场自主商业化
2013 年	安装中继场分机（将俱乐部的现场视频制作提升到日本的最高水平）
2015 年	鹿角运动诊所邀请+开业
2017 年	高密度球场 Wi-Fi 的引入（智能球场概念的公布）
2018 年	参与成立"鹿角家园 DMO"、举办鹿角足球场训练营
2019 年	球场内的热水浴设施开放、无现金支付、电子票的引进

除此之外，鹿岛足球场也提供可吸引大量人流的美食等特色服务，吸引人们前来参观打卡，因此也被称为"美食体育场"。球场的许多美食门店在其官网上好评如潮，甚至还举办了名为"三得利森林菜单大赛"的美食比赛，通过美食新品吸引大量客流，对球场赛后利用尤其是运营收入的增加有着显著作用。

鹿岛足球场的多功能复合运营模式可圈可点，作为2020年东京奥运会足球比赛的场地之一，很多设计让人眼前一亮：首次采用蜂窝系统、新增残疾人专用座位、场内大屏幕随时聚焦球场中的每个细节。这些人性化的设计不仅有效提升了球场的创收能力，也为其带来了较大的人流量。

（2）玫瑰碗球场

玫瑰碗球场是 1994 年美国世界杯的决赛场馆，位于洛杉矶市区东北角，球场以综合开发模式为主，包含多种业态，是世界上最具代表性的球场之一。该球场得名于举办的年度盛事——玫瑰碗美式足球赛。1897 年，第一代场馆建成。1920 年，通过预售包厢的方式，筹集了 272198 美元对玫瑰碗球场进行改造，历时两年改造后的新体育场容量达到 92542 座，成为全美体育场馆的典范，因为它始终坚持以顾客满意度至上、合理安排赛事和积极促进社区参与为宗旨，得到了广大观众的一致好评。自 1992 年新馆新场建成以来，该球场便开始打造出一系列顶级豪华包厢，每个包厢内都配备了先进的 TV 显示器、VIP 特别节目、餐饮服务、私人电梯、独立洗手间等。在 2015 年，这座球场更是完成了翻新工作，并增设了一个可容纳约 300 名媒体成员的记者席，使这座球场成为一个世界顶级的多功能综合体育场馆。在 100 多年的使用过程中，除了举办包括足球赛在内的各项大型体育比赛，玫瑰碗球场常年高频次地主办各项大型音乐会、音乐节等活动。

5.1.3　全民健身模式

由于多数大型球场由国家财政投资建设，所有权属于政府，从理论上讲，属于纳税人所有，所以这类球场具有一定的公益性。然而，球场具有投资高、体量大、规格高的特点，在赛场空间有限的条件下，球场的可使用面积仅为一片标准足球场，难以容纳大量健身群众，且天然草坪养护费用高昂，并不适宜开展群众体育活动。这些球场为体现公益属性，方便居民开展体育锻炼，往往会围绕球场主体建筑，向四周扩散，打造体育公园或奥林匹克公园，采取全民健身模式开展球场赛后运营，配套相应的体育设施和健身休闲空间，鼓励居民参与体育锻炼。

因此，应用全民健身模式的球场一般是指由国家财政投资建设，所有权属于政府，且具有一定公益性取向的球场，这类球场多积极鼓励周边居民参与体育锻炼，重点开展群众体育活动。适合作为城市公共体育活动集聚区的球场，周边大多具有一定的居民基础，周围是生活区，同时有绿化景观增添球场的生命力等。例如，俄罗斯世界杯主赛场莫斯科卢日尼基体育场就是卢日尼基奥林匹克体育中心的一部分，奥林匹克体育中心内除该球场外还包括多功能馆、田径场、足球场、游泳池、网球运动场、射击训练场等 140 座不同的体育配套设施，这些设施均向广大市民开放，提供公共体育服务。该体育场还举办过莫斯科市第 1 届"奥林匹克的希望"少儿运动会、俄罗斯大众体育运动会等，为全民健身发展做出了积极贡献。

由于球场的高昂维护成本及其主要功能的限制，这些球场并不适宜完全作为全民健身场馆使用，但这并不意味着球场不能为群众提供健身休闲服务。以韩日世界杯的首尔世界杯体育场为例，在比赛结束后虽然场内运营以综合开发模式为主，但以主球场为核心的世界杯公园可为周边居民提供足篮排、骑行、滑板、旱冰等多种运动项目，使该公园成为市民体育锻炼和休闲放松的主要场所。在我国球场占地面积较大的情况下，可以充分利用球场周边地块建设体育公园并增加体育锻炼设施设备，为周边居民的全民健身活动提供更多选择。同时，球场在赛后运营中采用全民健身模式也是保证其公益属性的必要手段，有助于充分发挥球场的公益性，提高居民参与体育运动的意愿，普及全民健身运动。

5.1.3.1 应用条件和应用策略

全民健身模式即将球场作为城市公共体育活动聚集区，在国外，这种模式多被应用于由政府投资建设的大型公共体育场馆中，这些场馆大多由政府直接管理或授权给当地专业场馆管理企业进行运营，主要功能是为社区居民提供各种休闲娱乐服务。在具体的运营实践中，若交给专业场馆运营公司管理，则政府大多会在初期提供一定的全民健身补贴资金，但在场馆后期运营时由授权运营管理公司自行筹集资金、承担盈亏，以提高运营效益。在这种情况下，委托管理的企业会从营销、内容等多方面努力，采用各种措施吸引消费者，通过提供多元化全民健身服务，更好地满足消费者需求。

这种以促进全民健身为目标的经营管理模式，以基层社区人员为主要经营对象，服务价格较其他球场更为低廉，不仅能吸引更多群众，满足社会面居民的健身需求，激励群众积极参与体育活动，为全民健身营造良好氛围，还能有效减轻政府在公益场馆上的财政压力。全民健身模式的使用条件为球场多由政府财政资金投资建设，较为强调其公益性质，但不一定需要球场空间非常大，其共同特点是区域周边交通可达性强，居住人口多，且球场外部往往规划有体育公园。

我国新建球场占地面积较大，一方面可以利用球场周边的空余地块建设以体育为主题的休闲健身公园，提供全民健身空间；另一方面可以在球场周边建设专门的训练场地，与青训基地相结合，以培养足球后备人才为目标，为球队输送后备人才。在应用实践过程中需要注意以下几点：①充分结合当地的体育文化特点进行规划，球场作为体育公园的核心区，可以吸引众多球迷前来观赛或参观。因此，应以足球为重点，打造足球主题公园，开展青少年足球培训，这样既能促进球场体育服务供给，拓宽业务范围，又能使球场成为城市足球文化传播的中心，深化其价值内涵。②完善配套服务设施。打造的体育公园需满足群众多元锻炼需求，除体育本体产业外，餐饮、医疗、零售等配套设施是否齐全也将直接影响体育公园的吸引力和用户黏性。③加强与民间体育组织的交流合作。民间体育组织是指由当地体育爱好者组成的社会基层组织，它们自主开展各种日常的体育活动，并每年举办大量民间体育赛事。在开发球场全民健身功能的同时，可以与当地足球协会进行深度合作，共同开展各年龄段的体育赛事，提高场地使用频次，带动周边相关业态发展。

5.1.3.2 典型案例分析

（1）首尔世界杯体育场

首尔世界杯体育场是韩国为 2002 年韩日世界杯新建的球场，承办了 2002 年世界杯开幕典礼，是亚洲最大的足球专用体育场。由于在世界杯赛后首尔市政府围绕该球场外围打造了面积达 105 万 m² 的世界杯主题公园，且球场内部积极进行商业模式的综合开发，所以该球场是全民健身模式与综合开发模式结合的典范。

首尔世界杯体育场在运营过程中的全民健身模式主要体现在首尔市政府围绕球场打造了著名的世界杯公园，一方面用以纪念亚洲第一次承办世界杯赛事，另一方面为首尔市民参与体育锻炼和休闲娱乐提供了场地。为体现球场公益性，世界杯公园由 5 个不同主题的公园串联整合而成，分别为和平公园、蓝天公园、彩霞公园、兰芝川公园和兰芝汉江公园，其中和平公园的开放式广场是市民散步健身的好去处；蓝天公园种植有众多观赏植物，有助于垃圾山的填埋处理；彩霞公园设有高尔夫球场、人行绿道和其他体育设施，为居民和游客提供了锻炼观光场所；兰芝川公园设有儿童游乐场、多功能运动场和足球场等设施，为老年人、残障人士和青少年提供娱乐活动场所；兰芝汉江公园沿江而建，设有露营地、码头和河滨广场，重点开展体验式和学习性活动。公园还拥有大片草地和树木，以及院落和自然生态湿地，可举行大型活动和演出。

由于首尔世界杯体育公园内有多种体育锻炼设施供市民选择，其已成为首尔市民积极参与全民健身的重要场所，并被视为综合文化娱乐胜地，适宜家庭、情侣一同前往。除此之外，该公园还是韩国环境保护教育的重要基地之一，每年吸引成千上万的学生前来参加环保教育活动。该公园是全民健身模式应用的典范，不仅满足市民的休闲娱乐和体育锻炼需求，同时也体现了公益属性，充分发挥了球场公共服务的职能。

（2）Sofi 球场

Sofi 球场是美国加利福尼亚州好莱坞公园的一部分，球场外的公园与球场整体应用了典型的全民健身模式，主要体现在公园的总体规划为周边社区居民提供的面积超过 79 万 m^2，包括公共空间和公寓、电影剧院、舞厅、社区活动的室外空间、豪华酒店、啤酒厂、高级餐厅和露天的购物娱乐场所等多种设施在内的休闲娱乐综合体。该球场由 HKS 国际建筑设计公司设计，包括体育场本身、一个步行广场和一个表演场地，紧邻球场的是一个俗称河流湖的人工湖，有供周边居民游玩的瀑布和公园，体育场上方是一个独立支撑的半透明天幕，覆盖了体育场本身，与球场相邻的还有步行街广场和附属的表演场地，加州当地人经常在这片草地上进行各种户外运动。

5.1.4　赛后拆除模式

球场的赛后拆除模式是在球场建设满足办赛需求的条件下，在大型比赛结束后通过部分拆除或整体拆除的形式，缩减球场规模，满足赛后运营需要，降低赛后运营维护成本的一种模式。球场拆除后的土地资源用于开展其他项目建设，该模式是近年来对大型球场赛后运营进行的有益探索，有利于球场最大化发挥其价值，可分为部分拆除模式和整体拆除模式两种。

部分拆除模式主要指随着装配式建筑技术的发展，球场在设计建设阶段通过应用可拆卸、可移动的临时体育设施，在赛后对其进行拆除，以缩减球场规模，降低球场赛后运维成本。该模式在俄罗斯世界杯球场和卡塔尔世界杯球场赛后利用中运用十分广泛，俄罗斯世界杯 12 座承办球场中有 5 座球场座椅在世界杯结束后进行了部分拆除，而卡塔尔世界杯 8 座承办球场中有 7 座进行了部分拆除。世界杯比赛结束后，联邦政府斥资 4000 万卢布对俄罗斯加里宁格勒体育场进行改造，该体育场的座位数量由 35000 座精简至 2500 座，球场内场使用人工草皮；下诺夫哥罗德球场座位数由 40000 座降至 10000 座左右，以此减少不必要的支出。卡塔尔世界杯在结束后拆除数十万个临时座椅及临时摊位等，部分建筑材料交付给国际足联以援建其他足球欠发达国家，其余部分则用于国内社区、医院、学校或非政府组织。需要强调的是，采用部分拆除模式的球场在拆除完成后仍能采用职业体育模式、全民健身模式和综合开发模式进行球场运营，即该模式可与上述 3 种模式结合使用，以达到最佳的运营效果。

整体拆除模式是指在大型比赛结束后对球场整体进行拆除，拆除后的土地资源可用于其他基础设施项目建设，这种模式现阶段运用较少，仅有卡塔尔世界杯 974 球场在赛后采用该模式，但这一探索对未来世界杯球场建设尤其是对面积较小、人口较少、足球基础较弱的国家来说具有重要的借鉴意义。974 球场采用模块化设计，运用集装箱及可回收钢材进行建设，为其赛后完全拆除奠定了基础。世界杯比赛结束后，包括集装箱在内的建筑材料用于购物中心、运动设施等项目改建，留下的土地资源用于建设大型绿地公园，以推动滨海地区发展。卡塔尔探索的球场整体拆除模式对未来球场建设有重要的引领价值。

5.1.4.1 应用条件和应用策略

即使在足球大国，一些俱乐部也很难拥有能填满世界杯球场的上座率。因此，球场在赛后运营中除了以上 3 种主要模式，还可以适当减少球场容量或直接在赛后对球场进行拆除改造，即采用赛后拆除模式进行球场运营。

该模式的主要适用条件为球场所在城市相关人口较少，赛事基础薄弱，且球场内座位数过多，和当地体育氛围不匹配，赛后利用率低。与整体拆除模式相比，通常情况下采用部分拆除模式的球场较多，在实际应用上多会与上述其他 3 种模式交叉混合运用，许多球场在世界杯等大型赛事后拆除部分座椅，在场内供俱乐部驻场使用，球场内、看台下或场外连廊处设计相关商业配套设施以吸引人流，同时周边设计体育公园供全民健身使用。例如，俄罗斯世界杯 5 座部分拆除座椅的球场依旧吸引了职业俱乐部入驻，通过开展职业足球联赛以提高球场使用频次；顿河畔罗斯托夫体育场赛后将座位数控制在 38000 座以下，但以其为中心综合开发打造了体育和健康中心，通过植入滑冰场、手球场、马术中心、水上运动区等多元内容，对片区进行综合开发，发挥球场的综合带动效益。

5.1.4.2 典型案例分析

（1）卡塔尔 974 球场

974 球场是卡塔尔 2022 年世界杯赛场之一，也是世界杯历史上第一座在赛后被完全拆除的球场，为典型的赛后拆除模式。卡塔尔全国人口不足 300 万，因此为避免球场在世界杯结束后处于闲置状态，成为"白象"，在卡塔尔世界杯结束之后，974球场被完全拆除。凭借其模块化设计，主要由集装箱组成的球场可以灵活转换为其他公共设施，为当地城市发展腾出空间，球场的某些模块还重新用于社区建设，为医院、学校、零售店和酒店等地方提供了新的设施。这一创举释放了赛后无法利用的空间，满足了当地居民的需求，真正做到了可持续发展，同时这种建造设计方法也有利于当地的酒店、办公室、购物中心、运动设施和运动医学诊所的发展。此外，卡塔尔在赛后捐赠了部分974球场拆卸下来的体育设施，包括看台座椅和其他多种设备，以解决比赛后座椅占用球场空间过多的问题，这一做法不仅可以将卡塔尔的世界杯遗产扩展到海外，还可以为各行业创造新的就业机会。

世界杯过后球场占用的土地也被改造成促进当地经济发展的开发区，被拆除后的球场被改造成一处大型绿地公园，为海滨的发展腾出空间。虽然974球场生命周期短暂，但在赛后球场的基础设施都被拆卸下来，重新投入使用，为全球球场设计建设单位和赛事策划者树立了新的标杆，并引导人们走向未来更可持续的体育赛事。

（2）庞蒂亚克银蛋球场

建成于1975年的庞蒂亚克银蛋球场是1994年美国世界杯的比赛场地之一，也是目前为止世界杯历史上第一个室内球场，于2013年关闭后在2018年正式拆除，是赛后逐渐从部分拆除到整体拆除的典型案例。从时间线来看，在1975—2012年这37年间，该球场先后担任了NFL底特律雄狮队、NBA底特律活塞队的主场，以及举办了包括樱桃碗赛和汽车城碗赛在内的多场大型比赛。2012年，庞蒂亚克银蛋球场成为美国极限飞盘联盟底特律机械队的主场，并举办了该赛季的联盟冠军赛。除此之外，庞蒂亚克银蛋球场还是一个定期的音乐会场地，在此举办了多场体育和非体育活动。

但在2002年福特球场建成后，庞蒂亚克银蛋球场就没有了永久租户，对庞蒂亚克市来说也暂时没有了用处，因此空置了8年，因为维护成本的逐年上升，最终政府于2009年以55万美元（不到建设成本的1%）将该球场低价拍卖给了加拿大房地产开发商。新业主投入数百万美元维修后，球场于2010年重新开放，并举办了足球赛、音乐会、HBO冠军拳击赛、怪物卡车秀表演等活动。但由于密歇根州恶劣的天气条件，2013年过量的积雪撕裂了球场部分陈旧的屋顶设施，当时无法找到有能力修复球场损坏屋顶的公司，加上该市的财政已困难到无法支付警察和道路维护的费用，于是2013年庞蒂亚克银蛋球场被永久关闭，2014年球场内设施设备均被拍卖后，场地被用作停放数以万计的大众汽车的仓库，2017年球场所有者决定拆毁该设施，并于2018年正式爆破拆除完毕，后该场地用于建设亚马逊配送及交付中心。

上述是对球场四大主要运营模式及应用条件的梳理总结，每个球场都有自己赛后运营的独特之处，但大部分球场并不是仅用某种单一模式进行赛后运营，而是多种模式组合使用的，这也大大提高了各球场的赛后利用率。

5.2 球场赛后运营模式主要影响因素

影响球场赛后运营模式选择的因素众多，根据现有文献梳理，大致可以分为球场的外部影响因素和内部影响因素两个方面，内外部影响因素的划分维度主要是影响因素是作用于球场内部空间设施运营还是外部环境及当地区域背景，内外部影响因素对球场赛后运营模式的选择起着重要作用。从内外部影响因素中可梳理出11个二级影响因素，如表5-2所示。

表5-2　球场赛后运营模式影响因素词条

影响因素分类	序号	球场赛后运营模式影响因素
外部影响因素	1	球场选址
	2	周边配套设施
	3	当地经济发展水平与体育消费水平
	4	当地职业足球发展水平
	5	当地大型体育场馆竞争程度
	6	当地的制度条件
内部影响因素	7	球场建设规模
	8	球场的空间灵活适应性
	9	运营管理机构水平
	10	职业足球俱乐部参与情况
	11	后续商业改造空间

5.2.1 外部影响因素

球场的外部影响因素主要是球场的外部环境及当地区域背景，如球场选址、周边配套设施、当地经济发展水平与体育消费水平、当地职业足球发展水平、当地大型体育场馆竞争程度和当地的制度条件等，这些因素均与球场赛后运营模式的选择和赛后利用率有着直接关联，且各外部因素间也是相互作用的，如城市中心型选址往往周边配套齐全。

5.2.1.1　球场选址

根据上述球场的建设经验分析及相关文献梳理，球场在当地城市中所处位置，即球场是位于城市中心还是城市边缘对于赛后利用模式选择的影响较大，因此球场选址可根据球场的区位条件分为城市中心型、城市边缘型和城市远郊型3种。城市中心型选址是指球场位于城市核心地带，或离城市中心区域较近。这类球场不仅处于人口稠密、商业繁华的地段，且地理位置上的可达性强，既能吸引消费者，又能与周边商业设施联动，但其劣势主要在于地价高昂、环境拥挤、交通堵塞且建设成本巨大。城市边缘型选址是指球场建设的区域离城市中心区域有一定距离，优势在于有效避开了城市中心的昂贵地价和出行交通堵塞，但劣势为周边人口较少，基础设施和配套设施建设较为薄弱，不利于人气聚集和活动开展。这种类型的球场有利于城市向外扩张发展，带动周边区域经济发展。城市远郊型选址是指球场处于城市边缘，人烟稀少，消费者前来球场观赛或参加活动需要更高的交通成本，适合建设特殊类型球场，如俱乐部联赛知名球队主场等，这类球场举办的活动对球迷有着极强的吸引力。

有研究发现部分球场选址位于市中心或靠近车站等方便人流集中处，这是新建球场后才出现的人口分布特征，因此还要考虑新建球场的选址对大型赛事举办之后城市周边经济的带动效应，该地段是否能吸引私人投资，是否适合俱乐部驻场使用等，若选址得当，球场甚至可以成为城市名片，作为该城市建设地标性建筑有效带动区域经济发展，有利于城市长期的规划发展。当地区域经济的发展也会再次对球场赛后运营模式的选择产生显著影响。

总的来说，球场的选址类型会直接影响其适合的赛后运营模式选择，如城市中心型选址球场偏向于城市服务综合体或全民健身模式运营，城市边缘型和城市远郊型选址的球场则会更偏向于赛后拆除或者供当地知名职业俱乐部长期驻场使用。

5.2.1.2　周边配套设施

球场的周边配套设施包括球场周围的交通设施、大型商超及便利店的普及程度、配套设施的完善程度等。球场周边公共交通系统的发展程度、周边环境与空间布局及球场是否建在居民区都对球场的赛后利用有重要影响，要提高球场的赛后运营效率，需要统筹考虑球场的交通便利性与周边设施配套性，甚至需要考虑城市景观设计生态。球场周边的交通设施距离直接决定了球场的可达性，除体育本体产业外的餐饮、医疗、零售等配套设施决定了球场周边生活区的便利程度，也将直接影响球场的吸引力和用户黏性，进一步可推断球场周边人流量的大小，从而影响其运营模式的选择。例如，开设在居民区附近的球场在后期运营时，要更多地考虑在球场周边规划体育公园等全民健身空间，同时该因素在一定程度上会与球场选址相互影响。

5.2.1.3　当地经济发展水平与体育消费水平

球场所在城市的社会经济发展水平与体育消费水平会对球场赛后利用模式的选择造成重要影响，城市经济发展水平主要体现在该城市经济发展的规模和速度上，包括GDP（Gross Domestic Product，国内生产总值）、GNP（Gross National Product，国民生产总值）、CPI（Consumer Price Index，消费者物价指数）和各类人均值等衡量指标，体育消费水平主要看当地的体育产业总产出、人均体育消费等。若当地社会经济发展情况较差，相应的体育消费水平也会较低，会抑制居民观赏赛事、参与休闲娱乐活动的需求；若当地经济发展水平较高，则人们闲暇时留给体育活动的时间也会增多，居民能有更多闲暇时间用于参与球场内活动。

因此，在经济发展水平相对较高且体育消费水平高的区域，球场可能会更适于选择综合开发模式，这样能有效利用资源，为球场带来可观的收益。若当地体育消费水平不高，则球场不适于采用综合开发模式，可以考虑发展当地职业俱乐部或对当地大型球场进行部分拆除。

5.2.1.4　当地职业足球联赛发展水平

各球场所在城市的职业联赛发展水平差异较大，其中职业足球联赛的发展水平受多方面因素的影响，如当地职业球队数量、竞技水平、联赛运营机制、商业化运作模式、职业体育文化传统等因素。以德国大部分球场为例，因为其足球竞技水平表现出色，具有完备的国内联赛体制，同时足球联赛的商业化程度高，市场开发成熟，运营收入包括但不限于转播权分成、比赛日收入和场馆冠名权收入等，多元化的盈利渠道也使得球场具备强大的可持续运营能力。

因此，地区职业联赛发展水平高，职业球队数量多且赛绩优异可大大提高球场的赛后使用效率。在球场的赛后运营模式上，则应考虑将职业足球联赛充分融入球场赛后运营体系，适宜采取职业体育俱乐部模式，反之则球场使用效率较低，应适当考虑其他赛后利用模式。

5.2.1.5　当地大型体育场馆竞争程度

根据球场所在地的差异，不同地区对大型球场的需求程度不同。球场在一定区域内是集中建设还是分散建设对其赛后运营模式的选择具有重要影响。如果同一片区内有着过多的同质化场馆，就会存在功能高度重合的问题，如目前大型球场赛后运营内容多包括培训、会展、娱乐演出等。若这些活动数量不足，则不足以支撑当地众多球场运营，导致红海竞争，球场就会面临更大的闲置风险。尤其是计划建造新场馆的城市，应考虑当地现有球场数量，若该城市内球场数量已出现过剩，则一方面应考虑旧球场的翻新改造再利用，另一方面应尽量做成活动看台或可拆卸的临时建筑，更多地考虑球场赛后运营需求。

总的来说，当地足球文化氛围浓厚且同质化球场较少的区域会更适合采用综合开发模式。若某区域仅有少量俱乐部但球场数量过多，则不适合采用职业体育模式；若该地区球场之间已出现激烈竞争，则应结合赛后拆除模式进行规划设计。

5.2.1.6　当地的制度条件

球场赛后运营模式的选择还与当地政府扶持力度和体育文化水平有关，不同国家或地区的制度条件、政策法规会对球场赛后运营产生积极或消极的影响。例如，当地球场相关政策法规的成熟度、当地政府的清廉程度等都被证明会影响球场赛后运营模式的选择。球场赛后运营发展与当地制度条件息息相关还体现在发达国家体育配套设施的发展得益于政府制定的相关政策法规及积极提供的财政保障等良好的制度条件，如国际大赛的持续引入等，但部分地区政府在球场招投标、赛事活动等过程中存在较多的政府干预和法律缺位，会显著影响赛事活动的有效开展，从而降低球场的利用率；若地方政府不能对赛后球场进行持续的资金投入，则将影响球场长期发展模式的建立，从而使球场赛后面临成为负面遗产的风险。

5.2.2 内部影响因素

5.2.2.1 球场建设规模

在球场建设规模对赛后运营模式选择的影响方面，根据文献梳理可得，大部分情况下座位数多的球场在大型赛事时有着更高的利用率，但这也带来了更高的运行成本，尤其是对座位数需求偏低的球场、赛事和城市而言，座位数过多会导致赛事利用供需严重失衡，反而成为一种负担。因此，若球场为了举办大型体育赛事，建设规模过大、座位数过多，且当地没有相应的俱乐部及足球人口使用该球场，则赛后运营中要考虑到球场座位的拆除或改建。此外，部分球场的座席包括临时座席和活动座席，这些座席在大型赛事后需拆除，以提高球场的赛后运营效率。

5.2.2.2 球场的空间灵活适应性

大型球场在规划之初就应提前考虑到赛后改造、座椅拆除、多功能利用等空间和功能设计情况，球场内设施设备在运营时的灵活可变性对其赛后运营模式的选择也有重要影响。合理的球场功能设计能使其充分延伸适用场景，降低运行成本，在赛后实现多元化、可持续利用，球场空间的灵活适应性主要体现在球场的空间设计和硬件设施设备条件上。

球场空间设计包括比赛场地设计、看台设计、功能用房设计、球场外部空间设计等，既要满足比赛的需要，也要满足赛后多元利用的需要。球场既要有赛场空间的高兼容度，又要协调好体育与观光、购物、餐饮等业态的关系，考虑到赛后多元利用的需求。

球场硬件设施设备条件对赛后运营模式选择也有重大影响，若设施设备条件较差，如球场内部灵活接口较少，则会增加赛后运营过程中的大额维修和更新成本，以及各项改造、能耗等支出。除此之外，硬件设施设备的完善也有利于球场吸引球迷，如部分球场引入 5G 网络，加强智慧场馆建设，使球迷获得更好的现场观赛体验，这样可以提高观众对球场的黏性，有利于赛后经营效益的提升，同时也更适合赛后进行综合利用。若球场在建设时硬件设施设备条件较差，则需适当考虑是否赛后拆除部分座椅以腾出空间。因此，空间灵活适应性的不同会给球场带来不同赛后运营模式的选择。

5.2.2.3 运营管理机构水平

球场的运营团队为负责运营管理该球场的专业机构,不同机构的人员基本条件、培养机制、道德素质和人员配置等的差异都会导致球场运营管理水平的不同,这也是影响球场运营模式选择的重要因素。主要体现在以下三个方面:①场馆所有权性质、运营主体专业性、是否有固定租户对球场进行运营管理等都会影响球场赛后运营模式选择;②球场管理团队对互联网技术和创新理念的应用也会显著提高球场赛后多元使用效率;③运营管理团队拥有良好的人才保障机制和合理的人才配备也十分重要,球场运营管理人员专业水平的提高有利于其运营的球场在赛后有效开发多种经营项目,使球场整体经营管理水平得到提升。

因此,不同水平的运营管理机构会带来不同运营模式的选择及利用率的差异。当球场的运营管理机构水平较高时,能更好地规划球场现有设施,有效促进球场多元化运营模式的选择;当球场的运营管理机构水平不高时,管理机制不够健全,则会极大影响球场赛后运营,需要考虑引入专业运营机构或对球场进行适当拆除改造。

5.2.2.4 职业足球俱乐部参与情况

球场的赛后高效利用主要来自高频次的赛事活动,因此赛事的数量和质量都影响着球场的上座率,从而影响着球场赛后运营模式的选择,而职业足球俱乐部的参与情况决定着球场的赛事频次和质量。球场内举行的职业联赛数量及场次,竞赛项目数量,球队的数量、级别、赛绩、竞争力、受欢迎程度等,都对球场赛后运营主要模式的选择有显著影响。球场内若有长期驻场的俱乐部且经常举办有规律性、多场次的职业联赛,则代表其在赛后运营时更适合采用职业体育模式。

5.2.2.5 后续商业改造空间

球场的后续商业改造空间主要指球场中现有的可改造为商业业态的空间。通过对球场部分空间进行商业改造,可以显著提升球场运营的经济效益。前期通过举办各类赛事可以提升球场的曝光度和品牌影响力,后期通过配套商业可以维持球场的日常运营。因此,球场整体为商业配套预留的体量和面积对于球场赛后运营至关重要。

球场只有留有充足的后续投资改造空间，才能在赛后通过丰富的内容运营实现自我造血，摆脱单纯依靠外部输血的生存模式，实现球场的可持续运营。例如，在职业体育相当发达的德国，世界杯球场除了比赛日的收入，还通过出售冠名权和开发无形资产为球场带来丰厚的收入。在日本，指定管理者一般会引入专业场馆运营商对球场及配套附属商业设施空间进行运营，不仅能为球场带来丰富的体育娱乐资源，保证其使用效率，在进行球场前期的建设和设计时也会预留充足的后续商业空间。

因此，球场有充足的配套设施空间、足够的资金且有对球场投资改造的计划有利于其赛后向综合开发模式转化，反之则建议结合球场当地情况发展职业体育模式，或者适当结合赛后拆除模式进行灵活变化。

5.3 球场赛后运营模式选择的核心影响因素指标体系构建

5.3.1 核心影响因素指标体系构建原则

5.3.1.1 科学性原则

球场赛后运营模式选择的核心影响因素指标体系必须建立在科学的基础上，主要体现在以下三个方面。第一，球场赛后运营模式选择的核心影响因素指标的每个条目都必须具有较高的代表性，所得出的结果能将评价主体的特征较为完整地反映出来。第二，所采用的核心影响因素指标评价标准要科学，选择的评价对象要适合指标中提出的方法和标准。第三，对评价对象进行实践评价所得出的评价结论要具有科学性。

5.3.1.2 系统性原则

球场赛后运营模式选择的核心影响因素指标体系是动态的复杂系统，其系统性原则主要体现在以下两个方面：一方面，构建的指标体系不能因为强调问卷中专家们评价工作的简便性而遗漏部分评价主体，也不能为了提高指标体系的全面性而锱铢必较，每个指标的确立都应不重不漏，符合整体性与系统性；另一方面，评价体系中的指标条目应在避免重复出现的同时保证各指标间具有一定的逻辑关系，保证评价结果的真实性和可靠性。

5.3.1.3　可操作性原则

可操作性原则旨在确保所构建的指标体系能够在实际应用中得到有效实施，主要体现在以下两个方面。一方面，每个核心影响因素指标都必须采用一种可行的测量方法，且指数的设计应简明、易理解、操作便捷、应用性强，以确保测量结果的准确性；另一方面，为了更好地满足不同使用者的需求，满足主管部门、运营主体常态化管理、决策参考需要，指标条目的测量操作方法应该更加简单易懂，避免复杂的数理计算公式，提升评价指标体系的普适性和实用性。

5.3.2　核心影响因素指标体系构建与完善

在总结并归纳球场赛后运营模式选择的内外部两大类主要影响因素的基础上，采用德尔菲法将主要影响因素指标评价调查问卷发放给专家，咨询并确定影响球场赛后运营模式选择的核心影响因素指标体系。下面是德尔菲法的具体操作流程。

① 邀请 31 名体育场馆及球场运营方面的权威专家（其中有 23 名体育场馆运营的高校科研人员，8 名业界资深球场运营专家）组成专家小组，组内各专家在球场运营领域的工作年限最高超过 30 年，最低超过 10 年，平均约 20 年。

② 向专家发放球场赛后运营模式影响因素指标评价调查问卷，请各专家匿名对每个影响因素指标进行赋分，并对有疑义及认为需要增删改减的指标提出评价意见后收集问卷反馈信息。本研究采用 5 级评分法，即决定性影响、影响较大、一般影响、影响不大、几乎不影响，分别赋值 5、4、3、2、1 分。对于同一指标而言，影响因素指标得分越高，表明专家小组认为这个影响因素指标越重要，即对球场运营模式选择的影响越大。然后计算各影响因素指标所得平均分。本研究中将大部分专家认为对球场运营模式选择具有较大影响或决定性影响的因素指标确定为核心影响因素指标，因此将均分小于 4 的指标剔除，同时根据专家提出的评价意见进行汇总，并入下一轮影响因素指标评价的调查问卷中。

③ 得出第一轮汇总结果后，根据匿名反馈意见对题项做出更详细的解释，然后给这些专家发放修改后的球场赛后运营模式影响因素指标评价调查问卷，请专家们对各指标进行二次赋分，调整意见后将匿名问卷及评价意见再次回收。

④ 重复上述问卷发放、匿名回收和题项修改工作，反复收集并修改问卷到所有专家意见达成一致，对问卷内的影响因素指标都不再调整为止。

⑤ 归纳整理专家意见，得到球场赛后运营模式选择的核心影响因素指标体系。

经过三轮德尔菲调查问卷的发放，小组内的专家就该指标体系得出了一致结论，且问卷回收率分别为97%、94%、100%，表明参与调查的专家积极性均较高。在此基础上邀请填写问卷的各专家完成专家熟悉程度自评表，得出权威程度平均数为0.94，证明了小组内各专家的权威性。

此外，本研究采用专家意见协调度来评估专家咨询小组对某个具体影响因素指标重要性结果的离散程度。如式（5-3）所示，每个指标的变异系数 V_j 的计算方法为其影响程度评分标准差 S_j 与其算术平均值 $\bar{X}_j$ 之比。X_{ij} 的数值含义为问卷中第 i 名专家对第 j 个指标影响程度的评分意见，现有全部 n 名专家和共计 m 个指标。

计算得出的 V_j 用来反映专家意见协调度，即 V_j 数值越小，表示所选影响因素指标影响程度评价结果的离散程度越小，专家意见越统一。反之，则表示各专家填写问卷时意见存在着一定的分歧。同时 S_j 和 V_j 越小，也能表明对于 j 指标，专家意见协调统一程度越高。

算术平均值：

$$\bar{X}_j = \frac{1}{n}\sum_{i=1}^{n} X_{ij} \tag{5-1}$$

标准差：

$$S_j = \sqrt{\frac{1}{n-1}\sum_{i=1}^{n}(X_{ij} - \bar{X}_j)} \tag{5-2}$$

变异系数：

$$V_j = \frac{S_j}{\bar{X}_j} \tag{5-3}$$

5.3.2.1　第一轮德尔菲调查评价结果及指标修改情况

根据上述的操作流程，采用德尔菲法向31名球场运营相关领域内的专家发放首轮球场赛后运营模式影响因素指标评价调查问卷，将各位专家匿名给出的评分与修改意见汇总后总结如下。

首先根据第一轮的专家评分，计算得出各主要影响因素指标的算术平均值、标准差和变异系数（表5-3）。因为其中 A5 指标"当地大型体育场馆竞争程度"和 B1 指标"球场建设规模"评分的算术平均值低于 4 分,所以将这两个指标剔除。分析原因如下:对于 A5 指标,多数专家认为当地大型体育场馆竞争程度只能反映当地大型体育场馆数量的多少,而不能代表当地不同类型场馆的需求程度,故不能作为球场赛后运营模式选择的核心影响因素指标;对于 B1 指标,多数专家认为球场建设规模的大小及座位数的多少是球场赛后利用率的重要考量指标之一,但相比其他影响因素指标,其并不能对赛后运营模式的选择起决定性作用,应从核心影响因素指标体系中剔除。其他指标的算术平均值得分均高于 4 分,且标准差均小于 0.7,变异系数均小于 0.2,表示所有专家意见较为一致,因此全部保留。

表 5-3　第一轮专家咨询影响因素指标得分

影响因素分类	序号	指标	算术平均值/分	标准差	变异系数
外部影响因素	A1	球场选址	4.55*	0.54	0.13
	A2	周边配套设施	4.51	0.52	0.12
	A3	当地经济发展水平与体育消费水平	4.19	0.60	0.15
	A4	当地职业足球发展水平	4.37	0.67	0.16
	A5	当地大型体育场馆竞争程度	3.64	0.77	0.23
	A6	当地的制度条件	4.60	0.63	0.15
内部影响因素	B1	球场建设规模	3.73	0.72	0.21
	B2	球场的空间灵活适应性	4.14	0.55	0.14
	B3	运营管理机构水平	4.33	0.64	0.16
	B4	职业足球俱乐部参与情况	4.19	0.67	0.17
	B5	后续商业改造空间	4.01	0.69	0.18

*精确计算后取小数点后两位。

　　根据对专家问卷反馈的结果梳理得知,有 11 名专家认为除问卷中的影响因素指标外,该城市的足球人口及当地的足球文化氛围、球迷文化等对球场赛后运营模式选择有着重要影响,因此在下一轮问卷中加入"城市足球人口"这个外部影响因素指标。城市足球人口具体解释为在球场辐射范围内长期定居、活跃度高的足球球迷人群,以及该球场周围有深厚的球迷文化、极高的球迷忠诚度,可以将球场与球迷深度"捆绑"。若当地城市足球人口不足,球场难以得到有效使用,足球氛围不浓厚,则会降低居民参与体育消费的热情。

有 6～8 名专家同时认为，球场的体制、业主方的履约能力及球场的投资模式和球场产权、所有权与经营权的分离状况对球场的赛后运营模式选择有重要影响，其中有 1 名专家特别强调球场的体制和机制是否有创新对其影响重大，因此本研究在第二轮问卷中加入"球场建设投融资模式"这一内部影响因素。球场建设投融资模式主要包括政府财政主导型、混合型和私人资本主导型三类。其中第一类为政府财政主导型，这是 21 世纪以来历届大型赛事新建球场的主要投融资模式，特点是不追求投资回报，政治倾向较为明显，在赛后运营上缺乏灵活性，盈利能力不足；第二类为混合型，即政府财政与私人资本合作模式，该模式一方面能享受政府政策和财政支持，另一方面由于资本的逐利性，能让球场赛后快速投入市场化运营，具有其独特的优越性；第三类为私人资本主导型，该模式在欧洲职业联赛球场运用较多，特点为球场建设完全由私人资本投资完成，赛后广泛拓展经营渠道，着力提高球场经营能力，不会给政府财政带来额外负担，但普通企业难以承受。

除此之外，部分专家认为球场设计时预留的可经营空间面积也是重要影响因素之一，但分析可得该因素与内部影响因素中的"后续商业改造空间"相重合，因此把内部影响因素"后续商业改造空间"根据专家反馈意见修正为"球场规划商业面积的预留"。还有部分专家认为球场管理团队和经营人才在球场的赛后运营模式选择中也十分重要，在此把这些因素归为"运营管理机构水平"。其余大部分影响因素也可作为解释归结到问卷中现有其他影响因素内。

最终，总结第一轮问卷的发放回收统计结果，归纳出如下三个修改内容。

① 将 A5 指标"当地大型体育场馆竞争程度"和 B1 指标"球场建设规模"剔除。

② 在外部影响因素中加入新指标"城市足球人口"，在内部影响因素中加入新指标"球场建设投融资模式"。

③ 将内部影响因素 B5"后续商业改造空间"修改为"球场规划商业面积的预留"。

5.3.2.2 第二轮德尔菲调查评价结果及指标修改情况

通过对第一轮问卷中专家反馈意见的分析总结，对初步得到的影响因素指标进行完善和调整后，得到了第二轮专家调查问卷，把第二轮问卷再次发放给这 31 名专家，匿名收集第二次反馈意见。统计专家们对第二轮指标的具体评分与调整建议，德尔菲法计算得出第二轮问卷中影响因素的指标评分表（表5-4），可以从表中数据看出，除了 B5 指标"球场建设投融资模式"，其余指标算术平均值得分均高于 4 分，证实绝大多数专家认为球场的建设投融资模式并不是球场赛后运营模式选择的核心影响因素，因此剔除在第二轮问卷中加入的"球场建设投融资模式"这一指标。其余指标算术平均值得分均高于 4 分，且除 B2 指标"运营管理机构水平"的标准差大于 0.7 外，其余指标的标准差均小于 0.7，变异系数均小于 0.2，由于 B2 指标的变异系数也小于 0.2，所以它和其他指标同时保留。

表 5-4　第二轮专家咨询影响因素指标得分

影响因素分类	序号	指标	算术平均值/分	标准差	变异系数
外部影响因素	A1	球场选址	4.60*	0.67	0.15
	A2	周边配套设施	4.55	0.42	0.10
	A3	当地经济发展水平与体育消费水平	4.60	0.67	0.15
	A4	当地职业足球发展水平	4.55	0.55	0.13
	A5	当地的制度条件	4.19	0.68	0.17
	A6	城市足球人口	4.19	0.58	0.15
内部影响因素	B1	球场的空间灵活适应性	4.25	0.64	0.16
	B2	运营管理机构水平	4.16	0.73	0.19
	B3	职业足球俱乐部参与情况	4.43	0.47	0.11
	B4	球场规划商业面积的预留	4.00	0.68	0.19
	B5	球场建设投融资模式	3.72	1.03	0.30

*精确计算后取小数点后两位。

此外，在原有打分的基础上，部分专家对影响因素指标提出了适当的调整建议，有 2 名专家同时认为 B1 指标"球场的空间灵活适应性"表述较为模糊，不能准确把握其含义；有 1 名专家根据"球场的空间灵活适应性"的指标解释，指出换为"球场的功能设计情况"更为恰当、准确。最终采纳意见，在下一轮问卷的发放中将 B1 指标表述更换为"球场的功能设计情况"。

最终，结合上述分析总结，归纳出这一轮问卷后如下两个主要修改内容。

① 将 B5 指标"球场建设投融资模式"剔除。

② 将 B1 指标"球场的空间灵活适应性"表述更改为"球场的功能设计情况"。

5.3.2.3 第三轮德尔菲调查评价结果及指标修改情况

将经过第二轮调整后的问卷再次发放给各位专家，回收得到专家关于影响因素指标评价调查问卷的第三轮结果。指标得分如表 5-5 所示，其中各指标算术平均值均大于 4 分，同第二轮问卷结果，除了 B2 指标"运营管理机构水平"的标准差大于 0.7，其余指标的标准差均小于 0.7，变异系数均小于 0.2，因此本轮无指标剔除。同时没有专家再对指标提出其他疑问和修改意见，由此得出最终的球场赛后运营模式选择的核心影响因素指标体系。

表 5-5　第三轮专家咨询影响因素指标得分

影响因素分类	序号	指标	算术平均值/分	标准差	变异系数
外部影响因素	A1	球场选址	4.51*	0.60	0.14
	A2	周边配套设施	4.46	0.48	0.11
	A3	当地经济发展水平与体育消费水平	4.31	0.66	0.16
	A4	当地职业足球发展水平	4.38	0.62	0.15
	A5	当地的制度条件	4.36	0.69	0.17
	A6	城市足球人口	4.28	0.65	0.16
内部影响因素	B1	球场的功能设计情况	4.13	0.59	0.15
	B2	运营管理机构水平	4.08	0.76	0.18
	B3	职业足球俱乐部参与情况	4.23	0.60	0.15
	B4	球场规划商业面积的预留	4.02	0.65	0.17

*精确计算后取小数点后两位。

5.3.2.4 最终确立的球场赛后运营模式选择的核心影响因素指标体系

经过三轮德尔菲调查问卷，各专家的意见在最后一轮中趋于一致，因此停止问卷发放，得出最终球场赛后运营模式选择的核心影响因素指标体系，如表 5-6 所示。

表 5-6　球场赛后运营模式选择的核心影响因素指标体系

影响因素分类	序号	指标
外部影响因素	A1	球场选址
	A2	周边配套设施
	A3	当地经济发展水平与体育消费水平
	A4	当地职业足球发展水平

续表

影响因素分类	序号	指标
外部影响因素	A5	当地的制度条件
	A6	城市足球人口
内部影响因素	B1	球场的功能设计情况
	B2	运营管理机构水平
	B3	职业足球俱乐部参与情况
	B4	球场规划商业面积的预留

5.3.3 确定各核心影响因素指标权重

主观赋权法和客观赋权法是现有研究中确定各影响因素指标权重较为常用的两种方法。主观赋权法是指专家通过自身经验来对各指标之间的重要程度进行比较和判断，对其数据进行处理后得出指标的权重，如层次分析法。层次分析法在指标权重的确定过程中适用于对小于 10 个的指标进行分析，运用范围较广，缺点在于判断矩阵较为主观。客观赋权法是通过分析具体指标得分值数列的离散程度来确立各指标权重的，主要有因子分析法、主成分分析法等。

以下构建矩阵对各指标进行两两比较，可以直观得出每个指标的权重。

5.3.3.1 构造判断矩阵

在建立球场赛后运营模式选择的核心影响因素指标体系后，请前期 31 名参与球场赛后运营模式指标评价调查的专家参照重要程度对照表（表 5-7）对体系中不同指标进行两两比较，填写球场赛后运营模式影响因素指标权重调查表。对每名专家两两比较得到的结果逐层构建判断矩阵后，取专家们因素比较矩阵的平均值得出权重。

表 5-7 重要程度对照表

因素比因素	量化值
具有同等重要性	1
前者比后者稍重要	3
前者比后者明显重要	5
前者比后者强烈重要	7
前者比后者极端重要	9
表示上述判断的中间值	2、3、6、8
元素 I 与元素 J 的反比较	倒数

构造 n 阶矩阵的方式如下：

$$A = \begin{bmatrix} \dfrac{W_1}{W_1} & \dfrac{W_1}{W_2} & \cdots & \dfrac{W_1}{W_n} \\ \dfrac{W_2}{W_1} & \dfrac{W_2}{W_2} & \cdots & \dfrac{W_2}{W_n} \\ \cdots & \cdots & \ddots & \cdots \\ \dfrac{W_n}{W_1} & \dfrac{W_n}{W_2} & \cdots & \dfrac{W_n}{W_n} \end{bmatrix} \tag{5-4}$$

第一步，构造内外部影响因素的一级指标判断矩阵 A，在本研究中 A 为二阶矩阵，以其中一名专家进行的比较结果矩阵 A_1 为例：

$$A_1 = \begin{bmatrix} 1 & 2 \\ \dfrac{1}{2} & 1 \end{bmatrix} \tag{5-5}$$

第二步，构造内外部影响因素中二级指标的判断矩阵 B，在本研究中由于有 6 个外部影响因素和 4 个内部影响因素，所以 $B_{外部影响因素}$ 为六阶矩阵，$B_{内部影响因素}$ 为四阶矩阵，同样以其中一名专家进行的比较结果矩阵 $B_{外部影响因素1}$ 和 $B_{内部影响因素1}$ 为例：

$$B_{外部影响因素1} = \begin{bmatrix} 1 & 1 & 3 & 2 & 2 & 3 \\ 1 & 1 & 2 & 1 & 2 & 2 \\ \dfrac{1}{3} & \dfrac{1}{2} & 1 & 1 & \dfrac{1}{2} & 1 \\ \dfrac{1}{2} & 1 & 1 & 1 & 1 & 2 \\ \dfrac{1}{2} & \dfrac{1}{2} & 2 & 1 & 1 & 2 \\ \dfrac{1}{3} & \dfrac{1}{2} & 1 & \dfrac{1}{2} & \dfrac{1}{2} & 1 \end{bmatrix} \tag{5-6}$$

$$B_{内部影响因素1} = \begin{bmatrix} 1 & \dfrac{1}{2} & 2 & 2 \\ 2 & 1 & 3 & 3 \\ \dfrac{1}{2} & \dfrac{1}{3} & 1 & \dfrac{1}{2} \\ \dfrac{1}{2} & \dfrac{1}{3} & 1 & 1 \end{bmatrix} \tag{5-7}$$

5.3.3.2 一致性检验

由于各层级所涵盖的指标较多，偶尔会出现输出结果不一致的情况，为了判断得出结果的有效性，需要对矩阵进行一致性检验来检测各级指标的相对重要性。为此首先用式（5-8）计算出一致性指标 CI，式中的 $\lambda_{\max}$ 代表矩阵最大的特征值，n 代表判断矩阵的阶数。

$$CI = \frac{\lambda_{\max} - n}{n - 1} \qquad (5\text{-}8)$$

其次，采用一致性比率 CR 进行一致性检验，计算公式如式（5-9）所示。当 $CR<0.1$ 时，矩阵的一致性被接受，否则需重新修改参数。

$$CR = \frac{CI}{RI} \qquad (5\text{-}9)$$

在一致性检验的式（5-9）中，RI 代表自由度，其大小与矩阵的阶数有关，如表 5-8 所示。

表 5-8 一致性指标 RI 取值

阶数	RI
1	0
2	0
3	0.58
4	0.90
5	1.12
6	1.24
7	1.32
8	1.41
9	1.45
10	1.49

通过 yaahp12.0 软件构造判断矩阵，并计算矩阵的一致性。在内外部影响因素的一级指标判断矩阵 A 中，由于二阶判断矩阵本身就具有完全一致性，所以本研究跳过判断矩阵 A 的一致性。根据公式对矩阵 B 进行一致性检验，结果如下。

$B_{外部影响因素}$ 矩阵的一致性为

$$CR_{外部影响因素} = 0.08064 < 0.1 \qquad (5\text{-}10)$$

$B_{\text{内部影响因素}}$ 矩阵的一致性为

$$CR_{\text{内部影响因素}} = 0.07407 < 0.1 \tag{5-11}$$

5.3.3.3　权重的确定

通过 yaahp12.0 软件确定球场赛后运营模式选择的核心影响因素指标体系中各影响因素指标的不同权重，包括各准则层对应指标层的局部权重和全局权重，如表 5-9 所示。

表 5-9　球场赛后运营模式选择的核心影响因素指标体系中各影响因素指标权重

目标层	准则层	权重	指标层	局部权重	全局权重
模式选择	外部影响因素	0.62	A1	0.28*	0.17
			A2	0.22	0.14
			A3	0.10	0.06
			A4	0.16	0.10
			A5	0.15	0.10
			A6	0.09	0.06
	内部影响因素	0.38	B1	0.26	0.10
			B2	0.17	0.06
			B3	0.45	0.17
			B4	0.12	0.05

*精确计算后取小数点后两位。

由表 5-9 可知，在外部影响因素中，指标 A1（球场选址）所占权重最高，为 0.28，其次为 A2（周边配套设施）、A4（当地职业足球发展水平）、A5（当地的制度条件）、A3（当地经济发展水平与体育消费水平）和 A6（城市足球人口）。在内部影响因素中，指标 B3（职业足球俱乐部参与情况）所占权重最高，为 0.45，其次为 B1（球场的功能设计情况）、B2（运营管理机构水平）和 B4（球场规划商业面积的预留）。

5.3.4　最终确立的球场赛后运营模式区分指标维度

在通过德尔菲法确定了内外部影响因素指标中的核心影响因素并用层次分析法分别计算出每个指标的权重后，本研究尝试以具体球场的外部核心影响因素得分和内部核心影响因素得分分别作为纵横轴，建立球场运营模式选择的分析框架，为综合开发、全民健身、赛后拆除和职业体育这 4 个典型球场主要运营模式明确界限，如图 5-1 所示。

得分情况解释：假设每个核心影响因素满分均为 5 分，由于不同影响因素的权重不同，且内外部核心影响因素分别处于两个独立的坐标轴，因此本研究在模式区分指标维度的坐标内采用局部权重来确定每个核心影响因素的权重大小。

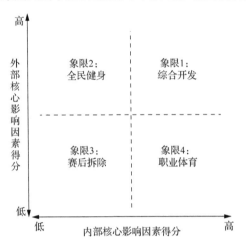

图 5-1　球场赛后运营模式区分指标维度

由此可得，外部核心影响因素（即纵坐标轴）得分的满分为外部 6 个核心影响因素的局部权重分别与满分 5 分（单个核心影响因素满分）的乘积之和。由于外部 6 个核心影响因素的局部权重加和为 1，可得外部核心影响因素得分为 5 分，同理可得内部核心影响因素得分也为 5 分。因此本研究中球场赛后运营模式区分指标维度得分图如图 5-2 所示。

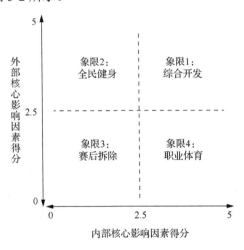

图 5-2　球场赛后运营模式区分指标维度得分图

5.3.4.1　外部核心影响因素得分

（1）球场选址

球场选址分为城市中心型和城市边缘型两种。越靠近城市中心分数越高，若该场馆在城市正中心且位于城市重点街道路段，则为 5 分；越靠近城市边缘分数越低，最低为 0 分。

（2）周边配套设施

球场的周边配套设施齐全，有方便的交通系统、大型商超等，能在很大程度上提升球场的交通可达性和周边生活区的便利程度，加大人流量。若球场周边配套设施非常完善，周边各交通系统都十分发达、生活区便利，则可以达到 5 分；若场馆周边配套设施匮乏，则分数较低。

（3）当地经济发展水平与体育消费水平

当地经济发展水平极高、体育消费水平极高的球场，该指标为 5 分；当地经济发展水平较低的球场，相应地分数较低。

（4）当地职业足球发展水平

当地职业足球发展水平越高，分数越高，如当地有多个专业的中超俱乐部且赛绩优异，可得 5 分；当地职业足球发展情况越差，则分数越低。

（5）当地的制度条件

若球场当地的制度条件，如各项政策的出台都十分有利于该球场的后续运营发展，则为 5 分；若存在严格的政策限制，如对于大型赛事审批或禁止人群聚集等不利于球场内大型赛事举办的政策，则分数较低。

（6）城市足球人口

若该球场辐射范围内具有长期定居的球迷人群且人群活跃度高，则该项为 5 分；若该球场附近几乎无球迷人群，则分数较低。

5.3.4.2　内部核心影响因素得分

（1）球场的功能设计情况

若该球场在设计之初就提前考虑到了其赛后改造、座椅拆除、多功能利用等，以及各硬件设备都非常齐全，BIM 接口充足，则该球场的功能设计情况得分为 5 分。

（2）运营管理机构水平

若该球场运营商专业化水平及运营管理机构水平都极高，则为5分。

（3）职业足球俱乐部参与情况

若该球场在设计初期就有俱乐部积极参与球场建设设计，且有职业球队计划以该球场为主场进行长期训练或青训，则为5分。

（4）球场规划商业面积的预留

若该球场在设计时就在场内预留有大量可经营空间面积，如商业配套空间等，商业面积预留越多，则该球场得分越高，最高可得5分。

5.3.5 模式选择特征

5.3.5.1 综合开发模式选择特征

当内外部核心影响因素得分均较高时，球场利用率高、交通可达性强且人流量大，这类球场赛后运营模式的选择倾向于以综合开发模式为主（象限1）。在这一条件下，一方面，由于城市中心拥有更多资源，球场能够更好地将体育设施与如餐饮、酒店等其他商业业态相融合，拥有更好的协同发展平台，获得更大的消费群体与发展空间；另一方面，球场前期建设设计过程中充分融入了运营商想法，场内预留的商业空间较多，球场内设施可以打造成与体育主题相关且功能丰富、配套齐全、经营性强的服务实体。在运营各类体育赛事的基础上，预留球场看台下和球场外围空间进行商业出租，吸引人们到球场内进行休闲娱乐、餐饮、购物等，促进球场的多元化商业运营，形成对人流的复合吸引与多种经营，拓宽服务领域，延伸配套服务，提升整个区域的消费能力，从而提高球场盈利能力。

5.3.5.2 全民健身模式选择特征

当内部核心影响因素得分低、外部核心影响因素得分高时，场内利用率不高，建设规模相对而言较为适中，但球场交通可达性强且人流量大，这类球场适合在周边开发体育公园，赛后运营倾向于以全民健身模式为主（象限2）。在这一条件下，居民们在闲暇时间可在球场周边规划的休闲娱乐空间进行休闲运动。该模式适合周边居民住宅区多的球场，同时可与其他模式综合考虑、结合采用，丰富球场服务内容。

5.3.5.3 赛后拆除模式选择特征

当内部和外部核心影响因素得分均不高时，球场规模大且交通不便利，人流量低，这类球场在进行赛后运营时倾向于以赛后拆除模式为主（象限3），尽量在赛后拆除部分或全部座位，以减轻运营负担。也有部分城市中心型球场适合赛后拆除模式，因为城市中心地段有限，若球场占地面积太大又没有预留足够商业面积，则不利于其他业态发展，应在城市中心位置拆除部分空间用于其他产业发展。因此赛后拆除模式也需根据具体球场特点进行具体分析。

5.3.5.4 职业体育模式选择特征

当内部核心影响因素得分高、外部核心影响因素得分低时，球场规模大且普遍为城市边缘型或城市远郊型球场，这类球场在赛后运营时倾向于以职业体育模式为主（象限4）。在职业体育模式中，一方面，俱乐部的加入可以拓宽球场的盈利渠道，和以往简单地提供大型活动场地租赁相比，以职业体育模式运营为主的球场优势在于可以采用多元盈利方式进一步开发球场的无形资产；另一方面，球场也能为俱乐部提供一个稳定的历史文化积淀平台，有利于专业足球场营造良好的球迷氛围，从而达到"努力打造百年俱乐部"的期望。

5.4 球场赛后运营模式选择的实证分析

5.4.1 我国原 2023 年亚足联亚洲杯球场基本情况介绍

由于我国原计划承办 2023 年亚足联亚洲杯的各个城市经济、足球文化等背景因素都不尽相同，所以只有结合我国特殊的足球文化、政治和经济等条件，对于不同球场的赛后运营提出不同的策划方案，才能为球场的赛后运营及可持续发展做出长久的运营规划。应提前谋划好球场适宜的赛后运营模式，部分球场在赛后适当进行座椅的拆除，以运营指导前期策划和建筑设计等。如表 5-10 所示为我国原 2023 年亚足联亚洲杯球场基本情况，如表 5-11 所示为球场投资和俱乐部情况。

表 5-10　我国原 2023 年亚足联亚洲杯球场基本情况

球场名称	建筑面积（仅足球场及附属设施）/m²	建设情况	座位数	设计方	配套设施（体育馆、游泳馆、商业）
新北京工人体育场	80000	重建	68500	北京市建筑设计研究院股份有限公司	1.2 万座体育馆，配套商业
天津滨海足球场	61000	改建	36102	—	—
上海浦东足球场	140000	新建	37000	HPP 建筑事务所	—
重庆龙兴足球场	170000	新建	60000	中国建筑西南设计研究院有限公司	
成都凤凰山足球场	1240000	新建	58000	HKS 国际建筑设计公司/中国建筑西南设计研究院有限公司	1.8 万座体育馆，全民健身中心，配套商业
西安国际足球中心	250000	新建	60000	Zaha Hadid 建筑师事务所/中国建筑上海设计研究院有限公司	—
大连梭鱼湾足球场	136000	新建	63930	BDP Pattern/Buro Happold/大连市建筑科学研究设计院股份有限公司/中国建筑第八工程局有限公司/哈尔滨工业大学建筑设计研究院有限公司	—
青岛青春足球场	191000	新建	50000	中国建筑西南设计研究院有限公司	多功能馆，游泳训练馆，配套商业
厦门白鹭体育场	180000	新建	64589	中国建筑设计研究院有限公司	1.8 万座体育馆，5000 座游泳馆
苏州昆山足球场	135000	新建	45756	GMP 建筑事务所	—

表 5-11　球场投资和俱乐部情况

球场名称	投资模式	项目总投资/亿元	职业俱乐部个数	球市场均上座
新北京工人体育场	PPP 模式	61.45	4	4 万联赛
天津滨海足球场	国有企业自筹	4.00	2	2.8 万联赛
上海浦东足球场	政府财政拨款	18.07	3	4.4 万联赛
重庆龙兴足球场	财政资金、地方政府融资平台	19.50	0	4 万国家队
成都凤凰山足球场	地方政府融资平台	不详	2	3.6 万联赛
西安国际足球中心	地方政府融资平台	23.95	3	1 万联赛
大连梭鱼湾足球场	政府财政拨款	16.20	3	4.5 万国家队
青岛青春足球场	地方政府融资平台	21.80	3	2.5 万国家队
厦门白鹭体育场	政府财政拨款	85	0	暂无
苏州昆山足球场	国有企业自筹	16.12	3	3.19 万国家队

本节以成都凤凰山足球场为例对球场赛后运营模式选择的核心影响因素指标体系进行实证分析，判断其属于球场赛后运营模式区分指标维度中的哪一象限，从而得出球场赛后运营的适宜模式选择方案，最后根据不同的区分维度，结合各城市和球场的基本情况对我国原 2023 年亚足联亚洲杯其他球场提出运营模式选择建议。

5.4.2　成都凤凰山足球场实证分析

5.4.2.1　成都凤凰山足球场简介

（1）凤凰山体育公园

成都凤凰山足球场坐落于凤凰山体育公园，位于成都市主城区，于 2021 年 3 月竣工，是成都 2021 年第 31 届世界大学生夏季运动会的篮球决赛场地，也是原计划 2023 年第 18 届亚足联亚洲杯的比赛场地。凤凰山体育公园总平面图如图 5-3 所示，该项目用地总规模约 600 亩（1 亩=666.67m²），由专业足球场（国际足联标准）、综合体育馆（FIBA/NBA/NHL 标准）及空间灵活多变的多功能馆以回环流动结构组成，银白辉映的场馆外立面犹如"蜀锦"，建筑群造型宛若凤凰双眸。该设计出自世界排名前十的 HKS 国际建筑设计公司，获得了 2020 年度 AEC 全球工程建设业卓越 BIM 大赛大型施工类项目冠军和第 14 届第二批中国钢结构金奖等多个不同的奖项。凤凰山体育公园目前交由成都城投置地集团有限公司与北京万馆体育文化产业有限责任公司的合资公司——成都城投万馆体育文化发展有限公司来运营。

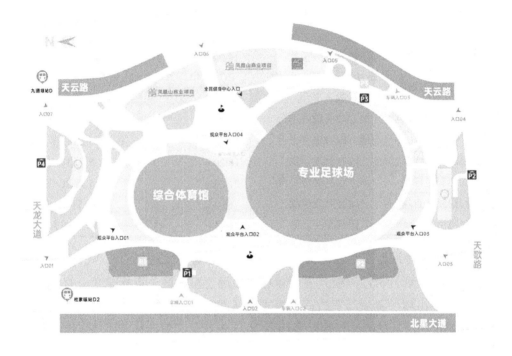

图 5-3　成都凤凰山体育公园总平面图

（2）专业足球场

成都凤凰山足球场是严格按照国际足联标准建造的无跑道设计且拥有专业锚固草坪的专业足球场地，占地面积为 186000 m²，包含地上 6 层和地下 1 层。场内有包括伸缩座椅在内的共 50695 个座席，还有 65 间单层包厢和 80 间多功能房间。其中，一楼为主要功能房间，包括演艺功能用房、运动员功能用房、技术官员功能用房、媒体功能用房、贵宾区、员工餐厅和卸货区 7 个主要功能区。

5.4.2.2　问卷得分分析

（1）问卷的发放

对如表 5-12 所示的包括成都体育学院相关体育场馆领域专家和成都凤凰山足球场的建设、规划专家发放成都凤凰山足球场赛后运营模式影响因素得分问卷调查表，由专家问卷结果定出各影响因素得分，选取适合成都凤凰山足球场的赛后运营模式。

表 5-12　成都凤凰山足球场赛后运营模式影响因素得分问卷调查表发放专家

序号	专家姓名	工作单位	职称/职务	成都凤凰山足球场担任角色
1	鲜×	四川大学体育学院	讲师	研究人员
2	窦××	四川省体育场馆协会	法人	研究人员
3	李×	成都城投万馆体育文化发展有限公司	运营方	球场运营方
4	高×	成都体育学院	教授	研究人员
5	陈××	华中师范大学体育学院	教授	研究人员
6	韩××	华熙国际（北京）五棵松体育场馆运营管理有限公司	总经理	建设运营方
7	陈××	成都体育学院	教授	球场研究人员
8	姜××	成都体育产业投资集团有限责任公司	执行董事	运营研究人员

（2）问卷数据分析

根据专家问卷回收结果可得，成都凤凰山足球场赛后运营模式影响因素各指标得分如表 5-13 所示。

表 5-13　成都凤凰山足球场赛后运营模式影响因素各指标得分

影响因素分类	序号	球场赛后运营模式影响因素	平均分	局部权重	得分
外部影响因素	A1	球场选址	4.00*	0.28	1.12
	A2	周边配套设施	3.88	0.22	0.85
	A3	当地经济发展水平与体育消费水平	3.38	0.10	0.34
	A4	当地职业足球发展水平	3.00	0.16	0.48
	A5	当地的制度条件	3.63	0.15	0.54
	A6	城市足球人口	3.63	0.09	0.33
内部影响因素	B1	球场的功能设计情况	4.63	0.26	1.20
	B2	运营管理机构水平	4.38	0.17	0.74
	B3	职业足球俱乐部参与情况	3.25	0.45	1.46
	B4	球场规划商业面积的预留	4.63	0.12	0.56

*精确计算后取小数点后两位。

因此，成都凤凰山足球场外部影响因素得分为 A1～A6 的得分和其局部权重乘积之和，内部影响因素得分为 B1～B4 的得分和其局部权重乘积之和，得

$$Y_{凤凰山} = 3.66分 \tag{5-12}$$

$$X_{凤凰山} = 3.96分 \tag{5-13}$$

5.4.2.3 适宜模式选择

结合问卷数据和构建的球场赛后运营模式区分指标维度，得出如图 5-4 所示的成都凤凰山足球场适宜赛后运营模式选择。从图 5-4 中可以看出，成都凤凰山足球场的内外影响因素得分指向球场在赛后运营阶段适合采用综合开发模式。

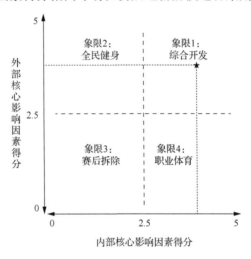

图 5-4 成都凤凰山足球场适宜模式选择

结合问卷调查中专家对于成都凤凰山足球场赛后运营模式选择的建议，8 名专家均认为成都凤凰山足球场的赛后运营适合以综合开发模式为主，其中 5 名专家认为可结合职业体育模式运营，在此基础上 3 名专家认为可以采用综合开发模式、全民健身模式和职业体育模式共同运营的方式，还有 1 名专家认为可以不局限于这 4 种主要模式，还应积极开发其他多种复合模式进行球场的赛后运营。由此可以验证用影响因素指标得分计算出的赛后运营模式选择建议基本正确。总结原因如下。

第一，从投资方的角度来看，成都凤凰山足球场的投资方在设计之初从结构上就把整个成都凤凰山足球场作为体育综合体进行规划，设计中也包含了全民健身场馆，并且在设计阶段就开始积极引进职业足球俱乐部，因此该球场的初始规划就较为适宜赛后采用综合开发模式、全民健身模式、职业体育模式这 3 种运营模式。

第二，从球场的运营方角度来看，成都凤凰山足球场的合作运营方之一北京万馆体育文化产业有限责任公司在运营设计时就充分考虑了赛后运营，场馆的业态布局多样，根据成都市的发展规划、城市足球基础和城市规模，在设计阶段就对球场做了多功能的赛后使用规划。

第三，从消费者的需求角度出发，考虑到球场消费者的多样化需求以及多元产业大环境的发展趋势，球场赛后运营综合模式的选择主要受市场经济水平和消费者消费习惯的影响。

采用综合开发模式，有利于提升球场及其附属空间的使用效率，使球场成为城市发展的锚，以拓展城市空间，提升城市品质；采用全民健身模式，原因在于周边社区居民会利用闲暇时间在球场规划的休闲娱乐空间进行休闲运动，丰富球场服务内容；采用职业体育模式，原因在于目前成都拥有职业俱乐部，能够围绕职业球队开展相关活动。总之，成都凤凰山足球场具备一定综合开发的经济社会基础，群众体育需求较为旺盛，职业足球俱乐部也在积极引进中，因此适合以综合开发模式为主，全民健身模式和职业体育模式为辅进行综合运营。

5.4.3 原2023亚足联亚洲杯球场适宜模式选择建议

结合以上对成都凤凰山足球场的实证分析和不同城市的足球文化氛围及表 5-10 中所述的球场基本情况，得出如表 5-14 所示的我国 10 座原 2023 年亚足联亚洲杯球场赛后运营模式选择建议。综合来看，大部分球场赛后运营模式选择建议为多种运营模式相结合以充分丰富服务内容，提升赛后使用效率，使其资源价值得以被充分挖掘。

表 5-14　我国原 2023 年亚足联亚洲杯球场赛后运营模式选择建议

球场名称	赛后运营模式选择建议
新北京工人体育场	以职业体育模式为主结合综合开发模式，作为北京国安足球俱乐部的主场使用，并利用周边规划配套商业空间打造首都文体名片、城市地标、活力中心
天津滨海足球场	以职业体育模式为主，作为天津津门虎足球俱乐部主场使用
上海浦东足球场	以职业体育模式为主，作为上港俱乐部的主场使用，打造国际足联 A 级赛事标准要求的专业球场
重庆龙兴足球场	以综合开发模式为主结合赛后拆除模式，优化部分座椅空间，结合场馆空间打造综合体

续表

球场名称	赛后运营模式选择建议
成都凤凰山足球场	以综合开发模式为主，充分利用附属配套商业空间，并结合职业体育模式和全民健身模式，引入成都兴城足球俱乐部且利用体育公园积极带动全民健身
西安国际足球中心	以综合开发模式为主结合职业体育模式，打造标杆级城市文体综合体的同时积极引入俱乐部，未来争取申办大型足球赛事
大连梭鱼湾足球场	以综合开发模式为主结合职业体育模式和全民健身模式，通过体育场周边的地产、商业体、旅游等产业实现盈利，同时引入职业俱乐部，"以赛养球场"
青岛青春足球场	以职业体育模式为主结合综合开发模式，积极引入职业俱乐部，建设足球产业高地，并作为赛事举办、潮流活动和群体服务等的中心，打造城市新名片
厦门白鹭体育场	以综合开发模式为主结合职业体育模式和全民健身模式，纳入翔安新城建设规划，与相邻的会展中心一同建设"体育-会展"运营模式，且以田径模式交付，未来以申办大型体育赛事为主
苏州昆山足球场	以全民健身模式为主结合职业体育模式，位于体育公园内，周边配套有其他全民健身设施，打造市民体育运动中心，场内作为中甲足球俱乐部昆山 FC 的主场使用

以下对表 5-14 中较为有代表性的球场进行具体分析。

5.4.3.1　新北京工人体育场

建于 1959 年的北京工人体育场作为北京建设时间较早的体育场馆，在 2008 年奥运会后又举办了 5 次国家级赛事（都是中国足球协会举办的中超联赛），同时由于北京工人体育场周边的各种商业配套已经比较成熟，所以可参考俄罗斯卢日尼基体育场进行改造。一方面，以职业体育模式为主要模式进行赛后运营，作为北京国安足球俱乐部的主场使用；另一方面，通过综合开发模式，串联周边商业配套设施，结合零售商业、餐饮、酒店等功能，利用体育综合体汇聚人气，在日常运营时建议与球场外体育公园串联整合，作为城市地标和活力中心，打造首都文体名片。

5.4.3.2　重庆龙兴足球场

重庆龙兴足球场原本计划作为俱乐部主场使用，但是在 2022 年 5 月重庆两江竞技足球俱乐部宣布解散后，到目前为止重庆尚未出现赛绩优异的俱乐部，而专业球场由于场内价格高昂的人工草坪，赛后改造空间有限。因此在综合考虑多方面因素后，对重庆龙兴足球场目前的运营模式建议：对球场进行适当改造后把球场打造成体育服务综合体。具体操作：在将球场座椅适当拆除后，结合全民健身模式进行综合模式运营，以吸引更多群众前来参与体育运动，争取未来成为重庆市足球赛事活动中心。

5.4.3.3　西安国际足球中心

西安国际足球中心位于沣东新城中央商务区内，其快速路网体系成熟，连接便利，具备快速聚集和疏散的条件。但目前存在的问题有：①球场建设内容受限，经营收入构成单一；②球场建设规模过大，短期需求与长期需求不匹配；③我国足球竞赛表演产业相对滞后，导致球场非体育业态经营受限；④球场同质化严重，加剧了对赛事资源的竞争。综合上述分析，西安国际足球中心在赛后运营时适合打造标杆级城市文体综合体，辅以全民健身模式，以促进西安文体服务功能升级、创新发展。具体来说，建议其打造四大特色功能服务平台，包括国际文体竞演活动交流平台、体育运动健身平台、青少年文体教育平台和体育产业孵化平台，成为一个创新型可持续发展的城市文体综合体标杆。

5.4.3.4　厦门白鹭体育场

厦门白鹭体育场满足了亚足联对举办亚足联亚洲杯的体育场必须为专业球场的规定，还设置有一个可升降跑道。作为全国首个可实现足球与田径功能转换的专业足球场，厦门白鹭体育场所在的厦门新体育中心总投资达 85 亿元，在没有跑道的状态下，球场内可容纳 6 万人，作为田径比赛场地时，其中的 2.6 万个座位将被升级成为田径跑道。在亚足联宣布亚足联亚洲杯易地后，该球场决定以田径模式进行交付，且已获得 10 年的国际田联钻石联赛厦门站举办权。因此建议其以综合开发模式为主，结合职业体育模式和全民健身模式进行赛后运营，同时纳入翔安新城建设规划，与相邻的会展中心一同打造"体育-会展"运营模式。

5.4.3.5　苏州昆山足球场

苏州昆山足球场在设计时对于赛后运营的考虑是整体上以昆山 FC 中甲球队的入驻为主，同时预计在周边打造一个体育生态公园，公园内配套有其他全民健身设施，用来打造市民体育运动中心，将球场作为该公园的地标性及核心建筑以吸引众多球迷和周边居民前来游览、参观或锻炼。因此该球场在赛后运营上适宜将职业体育模式和全民健身模式相结合：一方面，作为中甲足球俱乐部昆山 FC 的主场使用；另一方面，建设一个具有足球文化的足球主题公园，打造市民体育运动中心，采用全民健身模式运营，如开发 8 人制足球场、5 人制足球场，开展足球青少年培训等。这样既能促进球场体育服务供给，拓宽其业务范围，又能使球场成为城市足球文化传播的中心，深化其价值内涵。

5.5　不同赛后运营模式的应用建议

对我国原亚足联亚洲杯各球场来说，在借鉴球场赛后运营主要模式时不应拘泥于某一种具体模式，而应放开思路，以某种模式为主，以其他模式为辅。对每种运营模式选择的具体建议如下。

第一，在职业体育模式的运用上，我国目前存在的主要问题有与俱乐部租赁合约期较短、俱乐部运营参与率较低等。另外，我国球场大多由政府投资建设，受制于政府财力，对场馆进行赛后改造难度较大，但可以在赛后吸引职业俱乐部入驻，通过 ROT 等模式使俱乐部参与球场的运营管理，对球场进行提档升级，以提升球场的竞争力，实现更好的经济效益。

第二，在综合开发模式和全民健身模式的运用上，我国应该摆脱单一的球场运营模式，采用多元化的运营模式来提升球场运营效益。借鉴大型体育场馆的运营经验，积极引入专业体育场馆运营公司，引进先进技术，推进球场功能改革，提高体育场馆利用率。通过建立多元化的经营体系，充分利用球场资源，提高消费者满意度，吸引更多居民参与全民健身，实现经济效益和社会效益的双赢。例如，可以积极打造集运动、公园、旅游、休闲、办公于一体的多元生态圈，充分发挥球场优势，实现运动和休闲相结合，体育和旅游相统一，建立完整体育生态链，打造一站式城市活力中心。

第三，在赛后拆除模式的运用上，鉴于我国实际情况，暂时没有可以直接全部拆除的球场案例，但部分拆除模式在北京奥运场馆如水立方等场馆中已被成功应用。部分球场应争取于赛后进行座椅容量的优化，以节省球场空间，避免资源浪费。球场容量优化后可充分结合上述 3 种模式交叉混合运用，如场内剩余空间供俱乐部驻场比赛使用，设计相关商业配套设施以吸引人流，周边设计体育公园供全民健身使用等。

综上所述，由于球场的维护和运营成本过高，只有提前谋划好球场赛后运营模式，才能进一步提高球场的使用效率，从而提升其盈利能力。从国内外球场运营实践来看，并不是所有的球场赛后都被闲置或拆除，而是可以在规划和设计阶段就根据球场定位对球场的赛后运营模式进行合理规划，使其在赛后依然具有实用功能，只有这样才能促进球场的持久可持续发展。

职业足球俱乐部参与球场运营研究

职业足球俱乐部作为行业核心力量，其参与球场运营不仅关乎俱乐部自身的经济效益，而且对提升球场利用率、促进体育产业发展具有深远影响。通过对我国职业足球俱乐部参与球场运营的现状及模式进行全面梳理，能够更清晰地认识到当前存在的问题与不足。同时，国外职业足球俱乐部在球场运营方面的先进经验和成功案例，可以为我们提供宝贵的启示和借鉴。在此基础上，进一步探讨我国职业足球俱乐部参与球场运营的可行路径，分析影响其参与球场运营的关键因素，有助于构建更为科学合理的球场赛后运营模式。

6.1 职业足球俱乐部参与球场运营的价值分析

6.1.1 提升球场使用效率的重要途径

6.1.1.1 发挥资源禀赋优势，提升球场利用率

职业足球俱乐部拥有非常丰富的体育内容资源和较为庞大的球迷群体，能为球场带来大量的赛事活动和较为稳定的球场上座率，从而有效提升球场利用率，如我国各级俱乐部参加的中超、中甲、中乙、足协杯及其他商业赛事等。以中超联赛为例，一个赛季共开展 240 场比赛，16 支中超球队每个球队每赛季进行 30 场比赛，按照主客场制换算，每支球队每赛季可为主场带来 15 场赛事活动。当球场作为俱乐部主场使用后，球场的赛事频率及利用率会得到大幅提升，且因职业联赛具有高频次、长周期、相对稳定的特点，俱乐部在长期使用该主场后，往后也会更加倾向于使用该球场，球场在很长一段时间内的赛事频率都将较为稳定。同时，由俱乐部运营的球场，俱乐部还可依托球场开发一系列球迷衍生服务，如

球迷见面会、球队展览等，进一步丰富球场的活动内容，提高球场的使用频率。例如，截至 2022 年，拜仁在慕尼黑安联球场开展的赛事活动达 400 场，在世界杯后平均 27 场/年，这些赛事活动极大地提升了球场的利用率。

俱乐部通常还拥有较为丰富的球迷资源，球迷群体可以为球场带来较高且较为稳定的上座率，进一步提升球场的使用效率。例如，拜仁的注册协会拥有近 30 万名官方正式会员，是世界上拥有会员数量最多的球迷协会，其所在主场慕尼黑安联球场的平均上座率高达 98%，球场 2012 年的 SUI 指数值为 34.64，是 2006 年世界杯后全球利用得最好的球场之一。可见，促进俱乐部参与球场运营能在一定程度上提升球场的赛事频率和上座率，提升球场的利用率。

6.1.1.2　提高球迷观赛体验，增强球迷观赛黏性

我国存在职业联赛水平不高、精彩程度不足的客观现实，且大部分俱乐部未参与球场运营，这导致我国职业联赛一方面赛事内容产出吸引力不够，另一方面在球场氛围营造、设施设备更新、球迷文化建设等方面存在不足，这在一定程度上造成了我国球迷对球场的黏性不足、消费意愿不强、去球场观赛可替代性较高。俱乐部参与球场运营，可进一步提升球迷的观赛体验，增强球迷黏性。通常来说，由俱乐部运营的球场即为俱乐部的专用场地，俱乐部会有更大意愿加强对球场的投资改造，如加大对球场基础设施的升级力度、对球场附属空间的改造力度，增加球迷衍生服务，开展球队文化建设等，进而使球场成为球迷生活的重要组成部分，降低其可替代性和球迷观赛随机性。例如，意甲尤文图斯俱乐部（以下简称尤文图斯）运营都灵安联球场后，对球场的座席包厢、餐饮、停车位、厕所等配套设施进行了全面升级，为球迷提供了极致的观赛和消费体验，增强了球迷对球场的归属感和认同感，在 2016/2017 赛季，尤文图斯的主场比赛上座率达 94.6%，比租赁球场期间更高。除此之外，俱乐部自主运营球场还可积极开发各种球迷衍生服务，其营造的强大的球场文化，使得足球不再局限于一种运动，而是成为市民生活和城市文化的凝结。例如，德甲多特蒙德俱乐部运营的多特蒙德威斯特法伦球场不仅有欧洲最火爆的上座率，其在建设时规划的足球俱乐部博物馆、官方授权的纪念品商店等配套设施让球场在比赛之外同样能够吸引众多球迷前往参观游览。球迷衍生服务的开发让球场缓解了赛时和非赛时使用需求的矛盾，使非赛时也保持了一定的人流量和使用效率。

6.1.2 俱乐部自身发展的现实需要

6.1.2.1 拓展盈利渠道，提升俱乐部商业开发能力

相较于租赁球场，俱乐部自主运营球场可以以球场为载体开展一系列商业活动，提升其商业开发收益。俱乐部可在球场及其附属功能用房开展体育展览、球场参观、文艺演出、大型会议、青少年培训等活动，进一步提升球场的使用效率，提升俱乐部收入。例如，西甲皇家马德里和巴塞罗那的主场伯纳乌球场和诺坎普球场均开发了球场参观服务。据《Palco23》统计，2017/2018 赛季伯纳乌球场的参观人数为 130 万人次，诺坎普球场达到了 190 万人次，两家俱乐部都从中获取了颇为可观的参观收入。此外，球场还可作为俱乐部的 IP 实体，促进俱乐部进一步进行球场的无形资产开发，俱乐部可通过出售球场冠名权，获得球场赞助收益、广告收益等提升俱乐部整体营收。例如，在 2018/2019 赛季，拜仁年度总收益为 7.504 亿欧元，其中球场每年主赞助商的总赞助费高达 1.61 亿欧元，占总收益的 21.46%，极大提升了俱乐部营收。另外，球场的商业收入也是俱乐部运营收入的重要组成部分，俱乐部运营球场可对球场商业空间进行改造，增加俱乐部商店、俱乐部博物馆、俱乐部餐厅、足球主题酒店等设施，拓宽俱乐部的盈利渠道。例如，乌迪内斯是意甲少有的拥有自有主场的球队，俱乐部为球场提供了餐饮、健身、娱乐等服务设施，俱乐部的商业开发收益也得到明显提升。

6.1.2.2 转变租赁关系，增加俱乐部比赛日收入

我国大部分俱乐部采用租赁方式使用球场，俱乐部需向球场支付一定的场地租金，因我国俱乐部营收能力有限且租金成本较大，长此以往不利于俱乐部的稳定发展。例如，新北京工人体育场在翻修之前，北京国安足球俱乐部除每年需缴纳近 2000 万元租金外，每使用一次还需支付使用费、安保费等近 100 万元。据相关统计数据，北京国安足球俱乐部的年租金占俱乐部整体营收的近 50%，巨额的场地租赁费用使得俱乐部的运营较为艰难。

推进我国俱乐部参与球场运营可以转变俱乐部与球场之间的租赁关系，俱乐部无须按场次缴纳租金，可以大大降低俱乐部的比赛日支出，增加俱乐部的运营收入。根据德勤《2020 年足球财务年度回顾》统计的欧洲五大联赛比赛日收入

数据可知，除法甲外，其他四大联赛俱乐部在比赛日当天的收入的占比稳定在整体收入的 25%～30%，俱乐部的比赛日收入非常可观。在 2019 年德勤会计师事务所公布的上赛季欧洲职业足球队营收榜上，欧洲盈利最多的前 12 家俱乐部都拥有自有球场。意甲的情况与我国类似，大部分俱乐部也未取得球场运营权，而在意甲取得运营权的球队中，如尤文图斯通过长期租赁的方式拿到了都灵安联球场 99 年的自主经营权后，其比赛日收入由球场投入使用前 2010/2011 赛季的 1160 万欧元增加到 2018/2019 赛季的约 6560 万欧元。俱乐部每年的球场冠名费用也达到了千万欧元级别，俱乐部收益在获得球场运营权后有了大幅提升，可见俱乐部参与球场运营对提升俱乐部运营收益具有至关重要的作用。

6.1.2.3 开展适用性改造，提升俱乐部使用效果

俱乐部拥有主场运营权，可按需求对主场进行包装，在改造时可按开展赛事和活动的需求及俱乐部运营的需要对球场进行针对性和适用性改造，使其能充分展现球队文化、满足商业开发需求，提升俱乐部使用效果。我国亚足联亚洲杯有 10 座专业足球场，北京国安和上海海港足球俱乐部参与了球场的设计和部分运营，并将俱乐部的使用需求融入了球场设计。国外拥有自有球场的俱乐部大部分都对其主场进行了几次较大规模的升级改造。例如，皇家马德里对其主场伯纳乌球场进行了 3 次翻新，安装了可移动草皮，球场可以承办不同活动，并且可以在最大程度上保证不损伤草皮，不影响球队正常比赛；规划了可伸缩屋顶，屋顶可在 15min 完全封闭，在很大程度上减轻了极端天气对比赛的影响。伯纳乌球场在外观上也做出了更新，外观设计体现了皇家马德里俱乐部作为传奇俱乐部的价值，增加了球迷的归属感。另外，国外俱乐部十分注重提升球迷观赛体验，在进行球场功能设计时通常会对各个功能分区的动线进行合理设计，如将球迷商店设置在球迷参观的最后一站，球迷在参观完球场后进入球迷商店消费的可能性更高。根据《每日体育报》数据，西班牙皇家萨拉戈萨俱乐部每年的参观费及零售费达到五六千万欧元，不仅提升了球迷的购物体验，也进一步提升了俱乐部的商业收益。俱乐部拥有球场运营权在球场改造上会更具针对性和适用性，此举不仅可以为球迷带来更具专业化的球场体验，也可以提升俱乐部对球场的使用效果。

6.2 我国职业足球俱乐部参与球场运营的现状及主要模式

6.2.1 我国职业足球俱乐部参与球场运营的现状

6.2.1.1 俱乐部参与球场运营比例低，市场化价值发挥不显著

球场与俱乐部本是共生发展的整体，两者互相促进，但我国大部分俱乐部自身运营和球场运营存在割裂的现状，使得原本可以互相共享的资源难以充分整合和利用，俱乐部的市场化价值未能充分发挥。究其原因，在于我国职业足球俱乐部发展起步较晚，市场化程度不高，其在自身运营方面仍处于探索阶段，尚未延伸至球场运营。一方面，俱乐部近年来受整体经济形势及足球相关政策影响较大，自身运营处于较为困难的阶段，无暇参与球场运营。另一方面，由于球场在功能设计上较为受限，球场大部分的价值溢出只能通过足球联赛来实现，但我国职业足球联赛的供给端质量有待提高，球迷在球场观赛的消费意愿有待提升，伴随开展赛事而来的一系列收入也不可观，俱乐部参与球场运营的收益有限，以致其不愿参与球场运营。相比之下，欧洲俱乐部运营能力较强，足球市场开发成熟，除比赛日收入外，还可以通过商品销售、球场参观和俱乐部博物馆门票销售等多种渠道赢利，此外还有球场商业广告、冠名权等无形资产收益用以维持球队和球场运营，球场和俱乐部的市场化价值得以充分发挥。

6.2.1.2 俱乐部使用球场以短期租赁为主，难以参与球场运营

我国足球俱乐部中完全拥有主场所有权的仅有河南足球俱乐部，而其他俱乐部多以租赁模式与当地足球协会或体育场业主进行合作，且俱乐部的球场租期非常短，导致国内经常出现职业球队频繁变更主场的现象，极其不利于俱乐部主场及百年球场的打造。我国俱乐部与球场之间基本采用"一年一签"的模式开展合作，获取球场在短期内的使用权；仅有广州恒大淘宝足球俱乐部承租广州天河体育场打破这一模式，但其每期出租年限仅有 5 年，且实行有条件续签。续约的条件是，在球场所有权不变的情况下，广州恒大淘宝将获得球场的独立使用权和管理权，同时需满足租赁的场地不能被用来进行与足球或群众体育无关的营利性商业活动及其他活动，确保球场对民众开放，并保持中超联赛参赛资格。俱乐部与

球场之间因为种种原因较难达成长期租约，且在使用权和管理权上也会受到诸多条件限制，俱乐部要想获得球场运营权则较为困难。

6.2.1.3　俱乐部参与球场前期设计较少，难以满足开发需求

我国球场与俱乐部管理体制不同，大多数球场在建设时由财政投资，因赛而建，几乎未考虑到赛后使用。经调研，我国为承办 2023 年亚足联亚洲杯而建设的球场在设计时也较少考虑俱乐部使用，球场的基础设施及配套服务主要用于承接亚足联亚洲杯，部分球场暂未引进俱乐部，俱乐部只能在球场建设完成后与其签订租赁合同。俱乐部难以介入球场的设计与建设，因此球场无法针对俱乐部需求开展设计，出现了球场赛前配置与赛后运营需求不符的情况，建设完成的球场难以满足俱乐部使用和商业开发需求。在亚足联亚洲杯的筹备过程中，我国精心打造了 10 座球场。其中，新北京工人体育场和上海浦东足球场的建设得到了特殊关注，这两座球场的建设并非仅仅为了满足赛事需求，俱乐部也深度参与其中。例如，新北京工人体育场在设计之初就充分考虑了国安球迷的需求，特别增设了可容纳 1.5 万人的俱乐部忠实球迷看台，这一设计不仅彰显了国安队的魅力，也极大地提升了球迷的观赛体验。同样，上海浦东足球场也融入了海港足球俱乐部的元素，球场内部装饰着代表海港队的雄鹰队徽，使这座球场在举办比赛的同时，也成了海港球迷的骄傲之地。其余球场的设计与建设并未有俱乐部参与，多是设计方和运营方出于赛后利用考虑为俱乐部建设了若干配套设施，俱乐部个性化的使用需求未能在球场设计上充分体现，致使俱乐部后期在球场的商业开发上可能存在许多掣肘。

6.2.1.4　俱乐部话语权和决策权较弱，使用权益难以保障

我国大多数俱乐部与球场之间仅为简单的租赁关系，对于球场的运营及利用，俱乐部话语权和决策权较弱，其使用权益也会受到一定程度的影响。于球场方面，俱乐部仅为球场众多租赁方中的一员，部分球场运营单位为增加收益，会在俱乐部空档期将球场租赁给其他机构使用或开展其他活动，球场内频繁开展商业演出活动给球场草皮带来了不同程度的破坏，将影响球队的后续训练和比赛，损害球队利益。以江苏苏宁队为例，南京奥体中心体育场在联赛期间为举办演唱会，致使球队连续进行了一个月的客场比赛，大大影响了球队战绩和备赛计划。反观广州恒大队，其与广州市人民政府签订了天河体育场室内场地使用的长期租赁协

议，并明确表示室内场地不可举行各类商业活动，以减少对恒大队使用球场的影响，保障了俱乐部的使用权益。除此之外，在俱乐部和球场简单的租赁关系下，俱乐部难以提出球场升级改造的需求，导致球迷的观赛体验欠佳，这在一定程度上影响了球队的相关收入；同时由于俱乐部对球场使用缺乏控制权，导致各俱乐部缺乏投资改造球场的意愿，球场业主和俱乐部均不对球场进行相应的投入和改造，使得现有球场只能基本满足联赛的需要，球场的基础设施及其他新技术的应用较差，如球场的草皮、座椅、卫生间、球场进出口等设施难以满足俱乐部的使用需求和观众的观赛需求，俱乐部的相关利益难以得到保障。

6.2.2 我国职业足球俱乐部参与球场运营的主要模式

本研究通过对上海浦东足球场的实地调研，访谈亚足联亚洲杯球场设计、运营专家并在搜集大量文献资料的基础上将我国职业足球俱乐部参与球场运营的模式归纳为以下几种。

6.2.2.1 俱乐部自有球场并运营

我国第一家拥有自己专属球场的俱乐部是原河南建业足球俱乐部（2023 年更名为河南足球俱乐部），其主场郑州航海路体育场是一座综合性体育场，四周带有田径跑道，体育场中心用于开展足球赛事，四周田径跑道用于开展其他赛事和活动。体育场距离市中心 7km，球场周边交通便利，球场容量适中，可容纳 2.8 万名观众。2009 年，在球场土地性质不变的情况下，建业集团以 1.18 亿元人民币拍下该球场，成为中超第一家拥有主场所有权的俱乐部。

原河南建业足球俱乐部在获得球场所有权和运营权后，在球场的赛事开展、商业开发、改造升级、球迷维系等方面都有绝对的主导权和话语权。首先，河南建业队比赛不用租借场地和交付主场租金，俱乐部的比赛日支出大幅下降；球场的活动档期完全按照建业队赛事时间制定，不会出现因赛事和其他活动排期矛盾而要求俱乐部妥协的情况，极大地保障了建业队的使用权益；在非赛时，球场外部的核心区域和功能用房对外出租，球场的租金收益得以提升。其次，球场的冠名、赞助及广告收益也全部归属河南建业队，如在 2011/2012 赛季，球场的企业赞助、广告等收入占俱乐部总收入的 17%左右，缓解了俱乐部的运营压力。再次，球场商业开发所产生的所有收益也归河南建业队所有，河南建业队在其主场建设了若干商业空间，如球迷商店、餐饮台等，完全实现自我投资、自我受益；除此之外，俱乐部还对球场进行了升级和改造，投入大量资金改造球场草皮，改造后的草皮质量在中超属于一流，球员和球迷均有了较好的比赛和观赛体验。最后，球迷群体的培育也是俱乐部的一项运营重任，河南建业队在其固定主场比赛，可以避免主场频繁更换给球迷带来的不适体验，可以通过主场与球迷之间建立稳固的联系，提升球迷对球队和球场的忠诚度。

6.2.2.2 以 PPP 模式参与球场运营

在体育场馆建设中，采用 PPP 模式的实质是政府公共部门与社会企业共同出资进行大型体育场馆的投资、设计、建设、运营。体育场馆建成后项目公司获得一定期限的特许经营权，在特许期内回收成本获得收益，期满后无偿转交给政府公共部门。PPP 模式下政府公共部门与社会企业共担风险、共享收益。参与投资及建设的社会企业均属于私营机构，主要为职业球队和专业的私营体育场馆经营管理集团。通过 PPP 模式建设的场馆不仅能减轻政府投资建设的负担与风险，提高体育场馆的服务质量，还能促进社会力量参与场馆建设和运营，提高场馆的建设运营效率。我国为承办 2023 年亚足联亚洲杯而改建的新北京工人体育场即是采用 PPP 模式建设的球场，其俱乐部北京国安足球俱乐部也是唯一一家以 PPP 模式参与球场运营的俱乐部。北京工人体育场改建项目的合作方是由华体集团、中赫集团、北京建工集团共同成立的联合体公司，该公司负责未来新北京工人体育场 40 年的运营。联合体公司在获取新北京工人体育场运营权后，为了尽快回收成本并赢利，会更加高效地运营，进一步提升球场的运营效率。北京国安足球俱乐部也因其上级公司中赫集团参与的联合体公司成功拿到新北京工人体育场 40 年运营权而拥有了新北京工人体育场 40 年的使用权，不仅可以使用球场，在一定程度上也可以参与球场的设计及运营。虽然新北京工人体育场刚交付运营不久，俱乐部在球场运营中的作用还未得到充分凸显，但俱乐部通过 PPP 模式获取球场部分运营权也是参与球场运营的一种模式及可行路径。

6.2.2.3 俱乐部通过上级企业参与球场运营

（1）国有企业与政府共同建设球场，俱乐部参与运营

早期我国部分由国有企业控股的俱乐部，通常由国有企业参与球场投资建设，国企下属俱乐部拥有一部分球场运营管理权。其中较为典型的案例是青岛海牛队在 1997—2004 年参与青岛颐中体育场的运营。青岛颐中体育场原本由青岛市人民

政府建设，但在建设过程中深感资金缺口过大，于是启动球场融资，颐中集团（国有企业）投入部分资金参与建设，建成后球场产权归属市人民政府和颐中集团共有，球场被命名为"颐中体育场"。颐中集团因此拥有了球场的命名权和部分运营权，如球场使用权、商业开发权等。作为集团下属的青岛海牛队也在使用期间参与了球场决策、运营和管理。但2004年颐中集团投资方向转变，不愿继续投资青岛海牛队，青岛海牛队由青岛一家民营企业——中能集团接手，俱乐部也因此搬离颐中体育场，将主场改在天泰体育场，该球场的产权属于青岛市体育局，俱乐部只能以租赁的形式租用该球场比赛。

（2）俱乐部母公司负责运营，俱乐部参与运营

俱乐部母公司独立负责球场运营，或者与其他企业共同成立运营公司运营球场也是我国俱乐部间接参与球场运营的一种途径。例如，我国上海海港足球俱乐部，原主场为上海体育场，也称八万人体育场，由于该球场为综合体育场，在球迷观赛体验上有所欠缺，所以在上海浦东足球场建设前期俱乐部就有意更换主场。新建的上海浦东足球场由上海市人民政府出资建设，运营单位是上海浦东足球场经营管理公司，该公司由上港集团与久事集团共同成立，久事集团是球场项目的主要承建者，上港集团则对项目设计、建设等提出需求并全程参与。上港集团成为上海海港足球俱乐部的主要投资方和运营方后，俱乐部成为上港集团的子公司，即可以在一定程度上参与球场的设计、建设，以及后续的使用和运营。

6.2.2.4　长期租赁给俱乐部使用及管理

我国部分俱乐部采用长期租赁主场的形式参与球场使用及部分运营。例如，广州市人民政府大力支持广州恒大淘宝足球俱乐部和广州富力足球俱乐部使用国有球场，并规定在球场所有权不变的情况下，俱乐部在体育场承租范围内享有球场独立使用权、管理权，同时约定承租场地不得用于开展与足球事业或群众体育无关的营利性质的商业活动及其他活动，极大地保障了俱乐部的使用权益。俱乐部在拥有长期固定主场，且在话语权有所提升的情况下，也愿意加大对球场的投入。例如，广州恒大淘宝足球俱乐部已经在广州天河体育场完成了内场草皮、排水系统和喷淋系统等方面的升级；在租赁期内，富力集团投资了6000万元，按照欧洲顶级足球俱乐部的主场标准，将越秀山体育场建成专业足球场，同时，还投资了5800万元建设了训练场、检录室、功能室等配套设施，提升了俱乐部的使用效果。

6.2.2.5　俱乐部资产优化重组，球场入股俱乐部

俱乐部通过股权改革，实行政府、企业、个人多元投资入股的形式，也为俱乐部参与球场运营打通了新的路径。我国山东鲁能队于 2020 年进行了资产优化重组，其原由山东省电力公司、鲁能集团有限公司（以下简称鲁能集团）分别持有 69.31%、30.69% 的股份。2020 年山东省电力公司与济南市人民政府签订了关于鲁能体育股份转让的框架协议，将山东鲁能泰山足球和乒乓球俱乐部的部分股权转让至济南市政府，由济南市人民政府委托有关公司收购，此次接收股份的企业为济南市国资委下属的济南文旅发展集团有限公司（以下简称济南文旅集团），济南文旅集团获得鲁能体育 40% 的股份，山东省电力公司和鲁能集团分别拥有 30% 左右的股份。俱乐部进行股权结构调整后，济南文旅集团成为鲁能体育的第一大股东，而济南文旅集团拥有济南奥体中心的管理权，因而其主要控股的鲁能俱乐部也就拥有了奥体中心的运营管理权。山东鲁能通过股权优化的方式，促进奥体中心业主方——济南文旅集团入股俱乐部，一方面可在一定程度上缓解俱乐部的运营压力和财务压力，另一方面可促进俱乐部参与球场的日常运营和维护，充分发挥球场作用。

6.3　国外职业足球俱乐部参与球场运营的情况、模式及成功经验

6.3.1　国外职业足球俱乐部参与球场运营的情况

欧洲足球发展历史悠久，已形成十分完善的职业联赛体系，作为体系中最重要的环节，职业足球俱乐部不仅拥有丰富的赛事资源，其在市场化过程中发展的商业运营能力也十分强劲。作为球场的主要使用者，在国外，尤其在英国和西班牙，有相当一部分俱乐部拥有自有球场并负责其运营，甚至有部分俱乐部直接参与球场投资建设，俱乐部拥有球场所有权及运营权的情况十分普遍。例如，2020/2021 赛季，英超 20 家俱乐部中有 17 家拥有自己的球场、西甲的 20 家俱乐部中有 14 家拥有自己的球场。也有部分国家的俱乐部，如德国、意大利等国家的俱乐部，由于政策体制的限制，俱乐部虽未能获得球场的所有权，但通过多种方式也获得了球场的运营权。从表 6-1 中可知，收入排名前 15 位的俱乐部中有 11 家俱乐部拥有自有球场，球场由俱乐部开展日常运营；另外 4 家俱乐部使用公有球

场，球场租赁或委托给俱乐部运营。从总体上来说，收入靠前的俱乐部或是拥有自有球场，或是拥有球场运营权，在球场使用及运营上有极大的自主权。欧洲俱乐部参与球场投资、运营的情况十分普遍，且拥有球场所有权及运营权的俱乐部在球场运营上也会创造更多收入。

表 6-1　2020/2021 赛季欧洲五大职业足球联赛收入前 15 名俱乐部球场所有权情况

所有权情况	俱乐部名称
俱乐部所有	皇家马德里、巴塞罗那、曼联、利物浦、尤文图斯、托特纳姆热刺（以下简称热刺）、阿森纳、多特蒙德、马德里竞技、莱斯特城、拜仁
城市所有	曼城、巴黎圣日耳曼、国际米兰
其他第三方所有	切尔西

资料来源：作者根据德勤会计师事务所公布数据整理。

6.3.1.1　英国足球俱乐部参与球场运营的情况

英国是受新自由主义经济思想影响最大的欧洲国家，在 1980 年之后逐渐形成类似美国的市场资本主义模式，在国家各项事业的发展上都强调市场化模式运行，因此对于职业足球的运营也追求完全市场化，导致英国足球俱乐部参与球场运营比例较高。在英国，俱乐部自建球场在土地审批流程上较为容易，建设资金可通过融资得以解决，且自建球场投入运营后可为俱乐部带来额外的商业收入，因此，英国大部分俱乐部都倾向于建设自己的专有球场。例如，英超豪门俱乐部热刺、曼联等均在自有球场上比赛，且球场和自身运营都非常成功，可谓实现了"双赢"。

长期以来，由于球场的产权为俱乐部所有，独立拥有球场的俱乐部可以相对灵活地根据市场和球迷的需求对球场的硬件设施进行调整，为球场运营奠定良好的基础，所以英超球场从建筑结构的设计到后期的球场运营都十分注重与时俱进。俱乐部还可以通过球场升级改造、空间开发、服务提升等方法及市场化行为将球场和球队的价值收益最大化。近年来，英国俱乐部每场比赛的上座率都在 90% 以上，如此高的上座率，使得球场的比赛日收入成为俱乐部收入的主要来源。据德勤会计师事务所统计，英国俱乐部的比赛日收入一直稳定在总收入的 25%～30%，除此之外，还有电视转播收入、商业运作所得及俱乐部商品销售收入等，相关收入均是以球场为载体进行开发获得的。通过俱乐部运营球场实现两者的效益最大化，促进球场的市场化运作，英超出现了许多运营得十分成功的豪门俱乐部和百年球场。

6.3.1.2 德国足球俱乐部参与球场运营的情况

相较于推动职业足球过度市场化的发展战略，德国的职业足球管理者更倾向于制定并执行有利于职业足球产业长远、良性发展的政策。因此，德国职业足球俱乐部中较少有球队拥有自有球场，而多租赁场地进行比赛。在德甲 18 家俱乐部中，仅有 4 家拥有球场的所有权和运营权，分别是拜仁、多特蒙德、沙尔克 04 和汉堡。这些俱乐部获取球场运营权的方式，或是通过球队自建球场，或是通过从政府手中购买球场等。其中，慕尼黑安联球场由拜仁慕尼黑安联球场有限公司自建，该公司是俱乐部下属的一家股份公司，目前球场的土地产权归慕尼黑市政府所有，俱乐部与市政府签订了 90 年的土地使用权合同，拥有了球场的运营权；多特蒙德威斯特法伦球场原本由多特蒙德市政府拥有，而后出售给多特蒙德俱乐部，但多特蒙德在 2002 年因财政困难将球场转售给一个地产基金，再通过分期付款的方式于 2017 年赎回球场，现今球场的所有权和运营权均属于多特蒙德俱乐部；费尔廷斯竞技场由私人投资建设，目前由沙尔克 04 俱乐部运营；汉堡 AOL 竞技场（现为汉堡英泰竞技场）是由汉堡俱乐部建设的，市政府提供了 0.11 亿欧元的扶持资金，球场由汉堡俱乐部运营。在德国，虽然获得球场运营权相对较难，但是如果俱乐部想要自建球场，政府会在球场建设方面提供资金补助，帮助俱乐部新建或改造球场。例如，在 2006 年德国世界杯之前，德国联邦、州和市政府利用公共资金、政府担保、政府低息贷款等方式，对 12 个城市的足球场的建设、翻新和重建投资了超 20 亿欧元，此外还对球场进行了翻修和重建工作，并对球场周边的基础设施进行了整体的更新。在受到政府补助的球场中，一部分球场的产权由俱乐部完全或部分所有，德国政府仍对其所在的球场及周边基础设施进行了补助，大大改善了俱乐部的运营状况。

在德甲的 18 家俱乐部中，这 4 座由俱乐部运营的球场的盈利能力较强，如慕尼黑安联球场由拜仁运营，在运营的几十年间，运营收入一直居于德甲 18 家俱乐部之首。多特蒙德俱乐部在拿到球场运营权后，其盈利能力也直线上升，运营收入仅次于拜仁，而其他两家由俱乐部运营的球场的盈利水平也较高。德国球场运营最为明显的特点之一是进行冠名权开发，在欧洲联赛的横向对比中，德国球场在冠名权开发方面最为成熟，以承办德国世界杯的 12 座球场为例，除柏林奥林匹克体育场和凯泽斯劳滕弗里茨·瓦尔特体育场未进行冠名权开发外，其余 10 座球场均对冠名权进行了出售，比例高达 83%。

6.3.1.3 西班牙足球俱乐部参与球场运营的情况

西班牙职业足球俱乐部在欧洲职业足球发展中较为典型。这主要是因为在西班牙，俱乐部被认为是一种社会福利，是一种民族和文化的标志。西班牙的法律明确规定，想要参加西甲和西乙的职业联盟，需要成立专门的俱乐部公司（Sociedad Anónima Deportiva，SAD）。俱乐部与俱乐部公司有明确的定位，俱乐部开展、普及群众性的足球、体育活动等；俱乐部下属的俱乐部公司负责开展职业体育活动。因此，同英国、德国等国家不同的是，西班牙是俱乐部下属的体育有限责任公司，主要负责职业足球和职业体育。

由于西班牙所有俱乐部都是通过社区成立的社团组织，足球场等训练设施都由政府出资建造，然后委托给俱乐部运营。对于部分豪门俱乐部，在资金充足的情况下，想要建设属于自己的球场，经政府相关部门批准、拿到全部手续后，也可以新建球场，建设费用由俱乐部承担。如果俱乐部所在地政府部门资金相对较为宽裕，作为对俱乐部的支持，政府可能会对俱乐部新建球场提供一部分的资金支持。

6.3.1.4 意大利足球俱乐部参与球场运营的情况

与英超、西甲和德甲不同，意甲球场整体上的建设水平普遍落后于其他联赛，主要原因是 20 世纪 90 年代意大利世界杯的体育场馆改造计划。当时体育场馆改造费用超过预算高达 84%，同时由于球场的大部分资金来源于意大利奥委会，而该委员会坚持在许多场地安装田径跑道，所以意甲整体上拥有的专业足球场数量也非常少。

从产权上来看，众多意甲足球场的产权都归属于当地市政府或议会，在球场整体利用率较低、收入受到影响的大背景下，俱乐部使用球场还要支付给当地市政府或议会高额租金。例如，尤文图斯使用的球场是从都灵市政府手中租下的场地，租期为 99 年，俱乐部一般只能在规定的租期内拥有球场及其设施的控制权。这种由政府建设、俱乐部租赁的模式存在较多缺陷。首先，俱乐部每年需缴纳高额租金，导致意甲各俱乐部本就不高的门票收入会被吞噬相当一部分。其次，因为产权问题，意甲各俱乐部无法自主进行球场翻新，导致意甲大多数俱乐部的球场都存在设施老化、观赛效果差、安全隐患大等问题。再次，俱乐部无法通过球场冠名权获得收益，或是自主运营球场周边的其他产业。最后，意大利政府不肯通过俱乐部的拿地申请，俱乐部缺少自己的体育场，使其商业价值大打折扣，成为意甲相比其他欧洲联赛难以吸引更多国际资本的重要原因。

俱乐部、政府等多方利益博弈导致意大利职业足球产业在球场运营方面产生了大量的租值耗散，比赛收益和商业发展收益落后于英国、德国和西班牙。以2010/2011赛季为例，在意大利甲级联赛营收中，电视转播收入占比较高，而比赛日收益及商业收益（其中包含赞助商）占比较少。据德勤会计师事务所统计，1996—2006年，意甲联赛的总收入仅实现了111%的增长，相比之下，英超、德甲和西甲俱乐部的收入增幅却高达190%。这说明球场的产权归属问题在一定程度上影响了俱乐部的运营收入。

6.3.2 国外职业足球俱乐部参与球场运营的模式

6.3.2.1 俱乐部自建球场并运营

国外职业足球俱乐部为了实现长期发展，更倾向于自建球场并运营。虽然俱乐部投资建设球场，短期内不会产生很大的经济效益，反而存在潜在的债务危机，但对于一些有百年历史沉淀的豪门俱乐部来说，其更倾向于自建球场。从英超联赛俱乐部主场所有权的情况来看，大部分俱乐部都有自建的专业足球场，原因主要在于自建球场有以下几点优势：首先，作为球场所有者，俱乐部在比赛安排上有绝对的话语权，能保证球场的观赛质量，并且能对球场进行针对性改造，提高球迷的观赛体验，提升观众忠诚度；其次，俱乐部可以在休赛期举办形式多样的活动，从而提高经营收益；最后，球场作为固定资产，对于俱乐部的商业开发来说，使俱乐部的IP有了实体依托，球场不仅会成为热门商区，还会成为球迷朝圣的圣地，会提升球场地块的地产升值溢价能力，对提升球场的商业价值意义重大。因此，建设自有球场可以帮助俱乐部创造可观的收入，并为俱乐部的可持续盈利提供强劲的平台。

（1）伯纳乌球场

伯纳乌球场，原名新查马丁球场，位于西班牙马德里，是皇家马德里足球俱乐部（以下简称皇马）的主场。该球场最多可容纳81044人，是西班牙第二大专业足球场。皇马买下了建设球场的地皮后，球场于1947年建成，新球场吸引了更多球迷，3个月内皇马新增8000名会员，到1948年，会员数增加到了43000人。

到 20 世纪 50 年代中期，皇马已经成为世界上最大的俱乐部之一，并拥有顶级的球员。

俱乐部拥有主场后不仅球队人气逐渐上升，俱乐部整体的运营收入也得到大幅提高。从西班牙足球场的所有权与收益来看，大部分拥有产权的俱乐部通过高价出售电视转播权，获得远高于中小俱乐部的收入。从图 6-1 中可以看出，皇马和巴塞罗那俱乐部的收入远高于其他西甲俱乐部。

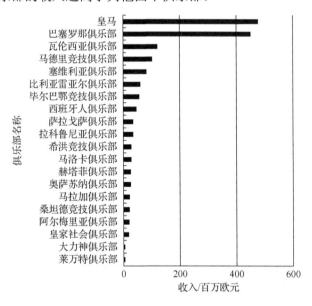

图 6-1　2009/2010 赛季西甲各俱乐部收入情况

在德勤集团编制"足球金钱联盟"榜单的 25 年里，皇马有 12 次荣登榜首，且多次突破全球俱乐部营收纪录，如在 2012/2013 赛季运营收入突破 5 亿欧元，2017/2018 赛季运营收入超 7.5 亿欧元，均是里程碑式的突破。皇马的营收极高，一方面与球队常年以来的辉煌战绩和球队作为百年俱乐部的文化沉淀有关，另一方面与伯纳乌球场这个载体有关。皇马在伯纳乌球场比赛，球队比赛日收入较高，还可以反哺给俱乐部运营或者球场后续进行改造，球场因此可以为球队提供更为专业的设施设备和商业空间，球迷在球场上观赛和消费的体验感更强，俱乐部的服务能力更强，因此其营收也很可观。

皇马自建球场除了为俱乐部带来了可观的收入，球场也因为俱乐部的运营提高了使用频率，增加了更多的商业机遇。近年来，由于俱乐部的运营需求不断攀升，皇马正在翻新其主场，新球场的设计也更符合俱乐部的运营需求。例如，足球比赛由于球场无顶棚遮盖，容易受到雨雪天气的影响，导致比赛中止或观赛体验不佳，因此，此次改造球场在上方加上了顶棚，活动将不会受到极端天气的影响，可以正常开展。同时，俱乐部为拓展球场的活动类型，以实现全年无休，安装了可伸缩的草坪，这使球场草皮既可以用于开展足球比赛，同时也可以在不破坏草皮的前提下开展多种娱乐项目。例如，10 万名观众的音乐会、卡丁车大赛、网球或篮球等活动都是伯纳乌球场计划未来开展的项目。为增强球迷情感认同，俱乐部还专门为球迷设计了展厅和博物馆，这让球迷感受到无上的荣耀，也极大地满足了俱乐部的运营需求及球场的多元开发的需要。

俱乐部自有球场，俱乐部有权将球场的部分运营权通过出售的方式交给更为专业的运营公司运营，提升球场运营效益。在伯纳乌球场改建期间，为保证球场在后期能最大化发挥其效益，皇马与美国体育赛事公司 Legends 签订了一份为期 25 年的合同，将球场 20% 的运营权交给该公司，该公司在球场经营领域拥有丰富的经验和充分的话语权，且已经负责了皇马某些商业活动，球场因此获得了约 4 亿欧元的收入用于继续投资俱乐部。此次合作，不仅为球场带来了更专业的运营团队，而且使球队获得了不菲的运营权出售收入。

（2）慕尼黑安联球场

慕尼黑安联球场为德国甲级联赛拜仁的主场，球场是由拜仁和慕尼黑市政府于 1860 年联合出资建造的。2017 年，慕尼黑市政府与安联球场之间解除合同，拜仁独自拥有安联球场。不同于英国和西班牙，德国球场的土地所有权一般归政府所有，俱乐部想要自建球场，需向政府申请地块。拜仁与政府签订了 90 年的土地使用权，在政府所有的土地上出资建造的安联球场。球场建设完成后，由俱乐部负责运营，在运营的几十年间，俱乐部为球场带来了可观的收入，在福布斯发布的"2018 年全球最具价值体育团队榜"中，拜仁以 30.63 亿美元位列全球足球俱乐部第四位。截至 2018/2019 赛季，该俱乐部已连续赢利 27 年。拜仁各赛季的营业额呈逐年上升趋势，球场近 3 年的联赛上座率高达 100%（图 6-2）。球场成为德甲运营最好的球场之一，体现了俱乐部运营球场的优势。

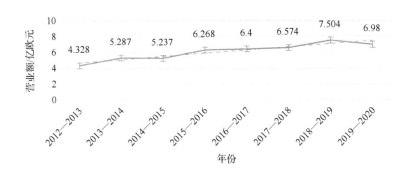

图6-2 拜仁年度营业额

第一,俱乐部运营球场能发挥俱乐部丰富的资源优势,提升球场办赛收入。拜仁作为德甲豪门俱乐部,拥有极其丰富的赛事资源,如德甲、欧冠杯、德国杯、德国超级杯等赛事,这些具有长周期、高频次特点的赛事可以极大提升球场日常开展活动的频率,增加球场门票收入。根据德勤会计师事务所发布的报告,拜仁在2016—2019年的比赛日收入分别达到了1.02亿欧元、0.98亿欧元、1.04亿欧元、0.92亿欧元。2020年全球疫情导致半赛季空场比赛,但球场的比赛日收入依旧达到了0.70亿欧元。稳定的观众数量是球场稳定收入来源的基础,拜仁拥有近30万名官方正式会员,庞大的球迷数量为球场的上座率奠定了基础,加之俱乐部火爆的球市,球场上座率常年维持在100%,球场的比赛日收入来源十分稳定。

第二,俱乐部运营球场有利于球场利用俱乐部品牌价值,提升相关的商业收入。在球场冠名权开发上,慕尼黑安联球场由德国安联保险集团冠名,是全球第一家由赞助商冠名的体育场。在2018/2019赛季,拜仁年度营业额总收益7.504亿欧元,其中仅主赞助商每年的总赞助费就高达1.61亿欧元,占总收益的21.46%。除开发赞助、冠名等无形资产外,俱乐部还借助新媒体将其影响力拓展至海外,通过与我国央视合作,央视每周对拜仁进行独家报道,进一步传播球队和球场的文化。综上,俱乐部通过无形资产开发、媒体传播、电子商务等渠道促进了球场成功运营,大幅提升了俱乐部的商业收入。

第三,俱乐部运营球场有权对球场进行适用性改造,不仅可以提升俱乐部使用效果,还可以在很大程度上提升球场管理效率,减少人工管理成本,降低球场运营支出。拜仁在赛后为减少球场能耗支出，更新了球场的电力、供热、通风和空调等系统使其更加节能；为保护造价昂贵的草皮，球场安装了人造灯光装置，解决了草皮在阳光稀少或多云和阴雨天气情况下难养护的问题；为实现数据智能化呈现，降低人工运维成本，球场在电力工程、楼宇科技、安保、公共交通管理、网络信息等部分均部署了智能软件及信息服务系统；为进一步感知消费者消费意愿，球场在智能购票、座位导航、商品购买等方面均植入了智慧信息系统，通过收集用户偏好，进行商品的精准投放，刺激球迷消费，进一步提升球场的运营收入。

6.3.2.2 以 PPP 模式参与球场运营

国外职业体育发达，当地政府通常鼓励俱乐部自建球场，但由于部分俱乐部经济实力有限并不能完全负担球场的建设资金，而球场建设资金完全由财政负担也较为吃力，因此 PPP 模式在国外体育场馆中的应用大量存在。

（1）汉诺威 HDI 竞技场

汉诺威 HDI 竞技场，原名为下萨克森体育场，球场建成于 1954 年，在 1959 年成为俱乐部汉诺威 96 的主场。球场在成功申办 2006 年德国世界杯后，汉诺威市体育委员会发布通知，招商改建下萨克森体育场。德国长期以来多以政府全额拨款为主要形式扶持场馆建设，然而因德国世界杯有 12 座球场需进行新建或改建，完全采用财政拨款形式修建球场对政府压力过大，由此，体育场建设引入了 PPP模式。

在 PPP 项目完工后，汉诺威市授予项目公司 27 年的特许经营权，俱乐部拥有了球场一定的运营权。在运营阶段，俱乐部主要负责调配比赛日收入和与球场相关的无形资产开发收入。在收益分配上，俱乐部在特许经营权年限之内的所有广告收入归俱乐部所有，由俱乐部保留，其他收入的 50%用于俱乐部销售和服务、球员转会等，保证俱乐部的竞争力，另外 50%用于偿还球场的债务。如果球队降级，汉诺威市政府承诺将对俱乐部实施财政补贴。这是一种变相的可行性缺口补助，其特点在于，政府不必在俱乐部运营正常的情况下进行财政扶持，而在降级的特殊情况下进行补贴，以保证项目主体的稳定性。

通过 PPP 项目，汉诺威市政府的建设和运营成本压力得到有效缓解，汉诺威96 俱乐部则可以负责运营球场。该模式不仅可以极大地发挥俱乐部在运营上的优势，也可以保障俱乐部运营的稳定性，确保球场长期有效利用。

（2）柏林奥林匹克体育场

柏林奥林匹克体育场是德国第二大体育场，仅次于多特蒙德威斯特法伦球场。这座可容纳 74000 人的体育场有着悠久的体育传统。在 1963 年，该球场成为俱乐部赫塔柏林队的主场。在成功申办 2006 年德国世界杯赛后，柏林奥林匹克体育场着手开始重建工作，该球场采用 PPP 模式进行融资，融资金额为 4500 万欧元，重建之后的体育场由柏林市政府、柏林赫塔队（俱乐部）及财团建立合营公司共同管理。柏林赫塔队作为投资方之一，在球场重建中参与了球场设计，使球场能更好地服务于俱乐部使用。

重建后的球场充分体现了俱乐部参与管理的优势，俱乐部作为球场管理者，参与了球场设计。首先，在基础设施改造方面，由于柏林奥林匹克体育场为带有田径跑道的综合体育场，体育场原来的跑道为红色，为充分体现俱乐部的特点，体育场的田径跑道由红色转刷为蓝色，以体现柏林赫塔队的主色。综合性体育场在观赛氛围上相较于专业足球场体验感较差，在重建过程中，在实现球场利益最大化的同时改善了场地视线条件，让球迷有了更好的观赛视角；采用活动座位或者类似多特蒙德威斯特法伦球场的站席等设施保证现场观众上座率。其次，为促进球场营收，球场设有包厢、餐厅、酒吧等配套设施，能够最大限度地满足球迷的消费需求，对提高球场比赛日收入也有较大帮助。最后，球场作为体育文化传播的重要载体，重建的柏林奥林匹克体育场非常重视史迹元素，依托所在地的经济环境、社会环境、人文环境，提升了球场未来的资产运营能力。

6.3.2.3 俱乐部长期租赁运营

国外部分未拥有自有球场的俱乐部也会采用租赁模式参与球场运营管理，但其租赁时间较长，俱乐部在授权期限内可对球场进行适应性改造、商业开发等，在运营内容上与拥有自有球场的俱乐部相差不大，俱乐部对球场运营开发享有较大话语权。这种长期租赁模式的好处有两点：一是可降低俱乐部的运营支出，并且方便俱乐部开展球场改造；二是有助于球场长期开展比赛和活动，提升球场利用率。

（1）都灵安联球场

都灵安联球场为尤文图斯主场，于 2011 年正式启用，可容纳观众数 41507 人。球场的旧址是尤文图斯于 1990—2006 年所使用的德尔·阿尔卑球场。旧的球场所有权为政府所有，俱乐部每年使用球场要向政府缴纳大额租金，尤文图斯身为顶级豪门球队，在租用德尔·阿尔卑球场期间每个赛季的门票收入仅占俱乐部整体营收的 8%，仅相当于英超平均水平的一半。为获得球场运营权，尤文图斯和政府进行了 6 年的协商。2002 年 12 月，都灵市政委员会通过了尤文图斯改造德尔·阿尔卑球场的计划，尤文图斯以 2400 万欧元取得主场 99 年的使用权。在获得球场运营权后，尤文图斯投资约 1.1 亿欧元对球场进行全面改建。俱乐部与政府签订的超长租赁协议约定，尤文图斯将拥有球场及相关设施的控制权，在 99 年的协议期限内俱乐部全权管理球场。

尤文图斯运营球场后对球场进行了改建工作，去掉了原有跑道，将体育场改成专业足球场，球迷的观赛体验全面提升；对球场的包厢、餐饮、停车位、厕所等配套设施进行了全面升级，为球迷提供了极致的体验。经改造后的新球场已经接待超 600 万人次，在 6 个赛季的所有 114 场意甲主场比赛中，有 99 场门票售罄，整体上座率高达 96.7%。在 2016/2017 赛季，尤文图斯主场比赛上座率均为 100%，门票收入占比提高到总营收的 15%左右，是租用德尔·阿尔卑球场和借用都灵奥林匹克体育场时期的 3 倍，这与意甲整体低迷的球市形成强烈反差。

尤文图斯有了球场运营权后，球场的冠名收益也随着俱乐部的价值提升而不断升值。2017 年，球队与赞助商安联集团续约至 2030 年，达成的合作条款包括球场冠名权、球衣赞助等费用，冠名权的出售为尤文图斯带来了 1.031 亿欧元的收入。在 2021 年福布斯发布的"足球俱乐部商业价值排行榜"中显示，尤文图斯商业价值排名第 11 位，是意甲商业价值最高的俱乐部。意甲其他球队至今为止仍保留着短期租赁的形式，在球场改造及使用上缺乏话语权，球队的营收能力有限。

（2）斯坦福桥球场

斯坦福桥球场（以下简称斯坦福桥）位于伦敦富勒姆区，球场距今已有百年历史，可容纳观众 41663 人。球场目前由切尔西俱乐部（以下简称切尔西）运营，运营期间球迷观赛需求十分旺盛。虽然切尔西作为英超的豪门球队，但斯坦福桥的所有权并不归属俱乐部，主要是由于斯坦福桥与切尔西相继诞生，球场经历了几代的所有权变更，最终球场的所有权归属球迷组织。斯坦福桥拥有悠久的历史，对切尔西及其球迷的意义重大，加之球场所有权结构复杂，俱乐部难以获取球场所有权，因此，切尔西依旧保持了租赁球场的模式参与球场运营，但是在租赁期限上有了更长的延期。

如表 6-2 所示，斯坦福桥的所有权更替较为复杂，球场进行了 4 次所有权变更。俱乐部在属于米尔斯家族时可无偿使用球场，后因米尔斯家族变卖球场，俱乐部前后 3 次与球场的不同所有者签订了租赁合约，参与球场使用和运营，其中最长的一次是与一个名为"切尔西场地所有者"（Chelsea Pitch Owners，CPO）的组织签订了 199 年的租赁合同，这个组织以切尔西的球迷为主体。切尔西与切尔西场地所有者签订了长期租赁合约后，仅象征性地支付了一小笔租金，但规定斯坦福桥使用用途严格限定于与足球比赛相关。

表 6-2　斯坦福桥所有权变更一览表

时间	球场所有者	租赁时长
1904—1981 年	米尔斯家族	无，俱乐部作为自有球场使用
1982—1988 年	马勒资产	7 年
1989—2008 年	苏格兰皇家银行	20 年
2009 年至今	切尔西场地所有者	199 年

资料来源：作者根据公开数据整理。

切尔西在与球场所有者签订长期租约后，其主场十分稳定，虽然是租赁场地，但因租赁期限较长，且仅支付了小部分租金，对俱乐部整体支出影响较小，在获取球场运营权后，球场的比赛日收入和商业收入有较大提升。在德勤会计师事务所统计的俱乐部收入排行榜中，切尔西始终在五大联赛俱乐部收入中保持前 10 名，英超前 4 名，其 2018/2019 赛季比赛日收入、赛事转播收入和商业开发收入均超过了所有俱乐部的平均水平和排名前 6～10 的俱乐部的平均水平，俱乐部始终保持着良好的运营。

斯坦福桥因长期租赁给切尔西使用，切尔西也愿意投入资金加大对球场的改造，球场的相关配套设施因此也得到了升级。俱乐部预计投入 17.5 亿英镑用于俱乐部整体运营，其中投资的范围包括斯坦福桥的改造、俱乐部与球场的文化建设等。

6.3.3　国外职业足球俱乐部参与球场运营的成功经验

6.3.3.1　政策扶持力度大

国外政府对俱乐部自建球场或俱乐部获取球场运营权的扶持力度较大，主要通过政策支持和资金扶持等方式促进俱乐部运营球场。例如，在俱乐部拿地上，国外政府提供充足的政策支持，凡是有意愿自建球场的俱乐部通过申请和政府审批后大部分都能成功拿地，而且国外政府的土地审批流程较快，步骤相对简单，对于部分国家的豪门俱乐部，政府甚至提供资金支持促使俱乐部自建球场。从英国、德国、西班牙等国家的足球政策中可以看出，政府主要采用了财政补贴和税收减免等手段来降低俱乐部运营成本，激发俱乐部参与球场运营活力。例如，英超在 2020 年提出的"大改革"（Project Big Picture，PBP）提案中明确说明，从中央基金中拨出 1.5 亿英镑补贴给那些改善了球场基础设施的俱乐部，即俱乐部如果在过去 15 年中有 12 年处在英超联赛中且对球场设施进行升级改造，就可以申请"援助金（补贴）"，设置补贴资金将在一定程度上改善俱乐部的运营状况，也利于激发俱乐部对球场的升级改造，促进俱乐部参与球场运营管理。另外，政府为产权所属俱乐部的球场提供维修资金补贴。例如，英国政府与俱乐部共同出资对俱乐部所有的球场进行维修；德国政府曾数次对俱乐部球场进行补贴，协助多家俱乐部新建或改建球场，并以补助周边基础设施的名义，投入大量资金扶持所有权归属俱乐部的球场，降低了俱乐部的运营成本。在税务方面，英国政府通过降低博彩企业的营业税，减轻了各大俱乐部的税务负担，在一定程度上激发了俱乐部参与球场运营的积极性。

6.3.3.2　球场以俱乐部运营为设计导向

国外俱乐部无论在前期是否参与球场运营，球场的设计均以俱乐部运营需求为导向，一方面，降低了球场后期改造的成本；另一方面，球场前期设计与后期俱乐部运营需求吻合更能吸引俱乐部参与球场运营。国外对于已建球场（如安联球场、伯纳乌球场等），会根据俱乐部需求进行升级改造，均在后期就球场基础设施、功能用房、智慧系统等进行升级，以确保球队有更好的训练场地、俱乐部有更多的盈利空间、球迷有更好的观赛体验。国外对于新建球场，会根据俱乐部使用需求进行个性化功能设计，部分俱乐部前期可直接参与球场设计。对于因举办国际大型赛事而建的球场，可以将俱乐部运营需求前置，使得俱乐部在大赛后可直接参与球场运营。

6.3.3.3　俱乐部自有球场盈利能力较强

国外相当一部分俱乐部自有球场在球场运营中具有较强的自主性，球场盈利能力较强。首先，从比赛日收入来看，俱乐部持有球场无须交付场地租金，球场和俱乐部的所有收益均归俱乐部所有，对比需交付租金的俱乐部，球场净利润明显增加。其次，俱乐部持有的球场，其冠名和赞助价值也会随着球赛的观看人数增加、球场的上座率提升而不断提升，部分球场的赞助和冠名收益可达到球场整体收入的30%。最后，自有球场的俱乐部对球场改造有较大自主权，会加大对球场的升级改造力度，使球场的盈利能力进一步提升，如进行基础设施改造、包厢升级、商业空间增设等。例如，国外球场通过设计可移动草坪、可开合屋顶等装置，实现球场全年无休，球场可不受季节、赛事档期影响，开展多元的文化活动，进一步增加球场的租金收入和活动当日的相关收入。从国外足球俱乐部参与球场运营的模式来看，球场本身具备较强的盈利能力，俱乐部使用后将球场的盈利能力进一步提升，使得国外球场和俱乐部均能取得良好的运营效益，这也是国外俱乐部参与球场运营比例大、程度深的经验之一，球场多元的盈利渠道和较高的经济价值对俱乐部参与球场运营有较强的吸引力，俱乐部较强的运营能力和稳定的粉丝基础为球场带来更多元的收入。

6.3.3.4 俱乐部与球场合约期限较长

国外俱乐部作为球场的主要使用者，保障了球场的长期高效利用，而俱乐部拥有固定主场也利于球队培养球迷文化，因此在国外，不论俱乐部通过何种方式参与球场运营，其与球场签订的租赁或特许经营权合约均为较长期限。例如，通过PPP模式建设的汉诺威HDI竞技场，汉诺威96俱乐部签署了27年的球场特许经营权合约；尤文图斯则与都灵安联球场（旧）签订了99年的租赁合约；切尔西与斯坦福桥签订了长达199年的租期合同。国外俱乐部与球场签订长期租约是俱乐部与球场实现"双赢"的重要举措，有利于俱乐部对球场进行长期投资，维护球场设施，并持续投入资金加强对球场的改造和升级，进一步提升俱乐部赛事的呈现效果；同时，俱乐部拥有固定主场，也有利于俱乐部形成带有球场特色的球队文化，与球场文化紧密结合，形成豪门俱乐部与百年球场的双赢。

6.3.3.5 俱乐部话语权较强

国外俱乐部是球场的主要使用者，且俱乐部的使用能为球场带来大量的经济收益，因此国外俱乐部不论以何种方式参与球场运营或仅租用球场，其在球场使用、运营、管理中都享有充分的话语权，具体体现在俱乐部享有球场优先使用权、设计参与权等。例如，国外球场会优先保护俱乐部使用的场地不受损坏，保证俱乐部的训练及比赛能正常开展，提升球场设施设备质量，避免因年份久远而出现球场设施设备质量下降的情况，充分保障俱乐部的使用权。同时，俱乐部可以根据自身需求参与球场设计，球场方将俱乐部特色融入球场设计，并授予俱乐部一定的使用权和运营权，充分保障俱乐部在球场的话语权。

6.3.3.6 球场观赛流量稳定

国外职业联赛各球队竞争较大，联赛的观赏性和吸引力较强，加之俱乐部大部分由社区不断发展壮大而来，本身拥有较为扎实的球迷基础，且俱乐部长期注重球迷文化培养，球迷对俱乐部的忠诚度较高，因此国外俱乐部的球迷群体相当可观，其联赛上座率也较为稳定。例如，德甲联赛大部分球场的平均上座率保持在 90%以上，球场的比赛日收入占总收入的 30%。球队稳定的流量是球场进行创收的基础。国外俱乐部通常依靠球场为载体进行商业开发，如开发旅游参观等体验类项目，皇马、沙尔克 04 都开发了球场的参观服务，自 2001 年费尔廷斯竞技场开业以来，已吸引来自世界各地的参观游客总计超 100 万人次，其中包括参观俱乐部博物馆、豪华包厢、俱乐部座位等，为球场带来了可观的收入。总之，国外俱乐部稳定的粉丝群体能给球场的各个运营板块带来一定流量，从而为俱乐部和球场带来丰厚的收益。

6.4 我国职业足球俱乐部参与球场运营的可行路径

他山之玉，可以攻石。本研究在全面梳理国外职业足球俱乐部参与球场运营的模式及经验的基础上，结合我国实际，提出以下几种我国职业足球俱乐部参与球场运营的可行路径。

6.4.1 直接参与：发挥俱乐部主体性

6.4.1.1 政府支持俱乐部自建球场

俱乐部自建球场是国外俱乐部参与球场运营的主要路径之一，欧洲五大联赛中众多豪门俱乐部均拥有自建球场。俱乐部自建球场可以提升俱乐部话语权和球场运营效益，是俱乐部参与球场运营最直接的手段。在早期，我国仅有原河南建业俱乐部拥有自建球场，近几年由于亚足联亚洲杯球场的建设，北京国安、上海海港足球俱乐部均参与了球场的建设，虽不是俱乐部独自出资建设的球场，但这些球场均是由俱乐部母公司投资建设的，俱乐部也能在一定程度上参与球场的建设及运营。俱乐部母公司或投资人参与球场建设是当前我国俱乐部自建球场的重要途径之一，但仍面临土地审批难、建设资金不足、球场运营收益不佳等问题。借鉴国外经验并结合我国实际，为进一步促进我国俱乐部通过自建球场的方式参与球场运营，我国可在土地审批、资金扶持、税收优惠等方面提供支持。

首先，政府可为俱乐部在拿地建设球场方面提供政策支持。在我国，几乎所有的俱乐部均面临着土地审批难、审批流程烦琐等问题。基于此，政府层面可进一步完善用地政策，创新土地供给方式，放宽土地划拨对象的范围，将俱乐部建设球场用地纳入土地划拨范围，或通过先租后让、租赁等方式供给土地，以解决俱乐部投资建设球场中面临的拿地难问题。其次，进一步降低俱乐部建设球场的成本。除降低土地出让金外，可仿照德国借由大型赛事为俱乐部球场新建基础设施，在球场周边道路、地铁等基础设施建设上予以支持，减轻俱乐部的投资压力。最后，减轻球场运营压力。由俱乐部建设并维护的球场，政府可根据国家相关政策给予一定项目奖励、税收减免和能源费用补贴等，以减轻球场运营负担。

6.4.1.2 俱乐部采取 PPP 模式获得球场经营权

随着我国专业足球场建设标准与质量要求的日益提升，球场投资额快速攀升，政府投资建设球场的负担也越来越沉重，俱乐部作为球场的主要使用者，与政府合作，参与球场投资是可行路径。PPP 模式作为当前公共服务设施建设的重要模式，国家相关政策鼓励采取 PPP 模式建设体育场馆。我国俱乐部可通过 PPP 模式与政府合作共同建设球场，获取球场运营权，参与球场运营。该模式一方面可减少政府的财政投入，将球场交由俱乐部进行运营，转嫁球场运营风险；另一方面因俱乐部用于建设球场的资金比较有限，主要来源于俱乐部股东或母公司的投入，亦可缓解俱乐部单独投资建设球场的资金压力。同时，俱乐部采取 PPP 模式参与球场投资，有助于促进社会资本参与球场的建设和运营，会更加注重球场的赛后利用与预期回报，有助于提高球场建设运营的效率。

我国部分体育场馆和专业足球场采取了 PPP 模式建设运营，如国家体育场、2022 年冬奥会国家速滑馆及 2023 年亚足联亚洲杯新北京工人体育场均采用 PPP 模式，充分发挥了政府和社会资本各自的优势，实现了优势互补，场馆的基础建设和服务水平有了较大提升，场馆的运营效果也更佳。国外也有诸多球场采用 PPP 模式建设运营，经验较为丰富。我国专业足球场采用 PPP 模式的较少，因此，在具体实施时需要针对不同的球场情况，选择不同类型的 PPP 模式，具体做法如下：一是对于现有球场，我国俱乐部可采取 ROT 模式对球场进行升级改造，政府可授予俱乐部一定期限内的球场经营权，这种方式较为适合我国老旧的专业足球场，如上海金山足球场，截至 2023 年，其已投入使用 16 年，球场的基础设施老化，智能化设备欠缺，球场设计规划较为不合理，极大地影响了球迷的观赛体验和球场的运营收入，因此，其较适合采用 ROT 模式引入俱乐部投资对其升级改造，改造后运营权交由俱乐部，以提升球场的整体运营效果。二是对于新建球场可采用 BOT 模式，俱乐部在前期即可参与球场的投资设计及建设，保障俱乐部运营需求在球场功能设计上得到体现，打造俱乐部专属球场，为赛后利用打下基础，如我国北京工人体育场重建项目采用 BOT 模式，俱乐部的参与使得球场的设计更有利于球场后期的运营。

6.4.1.3　俱乐部长期租赁球场

俱乐部长期租赁球场也是俱乐部获取球场运营权的可行路径之一，此种路径较为适合由政府投资建设的球场。一方面，政府通过长期租赁球场给俱乐部使用，可为球场带来大量稳定的赛事活动，提升球场的使用效果，充分发挥俱乐部在运营球场上的内容优势；另一方面，有利于俱乐部继续加大对球场的氛围营造力度，打造球场文化，提升球迷观赛体验。我国大部分球场属于国有，俱乐部主要以租赁方式使用球场，租赁期较短且俱乐部话语权不足，制约了我国俱乐部和球场的可持续运营。对比国外俱乐部，国外虽也有租赁主场的情况，但不同的是，其通常为长期租赁，且俱乐部享有一定的话语权，国外球场在租赁给俱乐部期间会将球场部分区域交由俱乐部运营，充分发挥俱乐部的运营能力，给球场带来了丰厚的收益。

因此，我国可借鉴国外经验，一方面，在租赁模式不变的情况下，延长租赁期限，由 1 年一签延长为 10~20 年一签，在合约期限内，球场所有者应保证俱乐部在球场使用中的相关权益，且可将球场的相关区域，如包厢、看台、俱乐部商店等区域交由俱乐部运营，充分发挥俱乐部的优势，提升球场收益；另一方面，俱乐部长期租下主场后，球场可交由俱乐部进行升级改造，如升级球场的草皮、增加球场包厢数量、改造看台下空间等，使球场更符合俱乐部运营的需求。对于大部分俱乐部来说，由于租赁期限较长，俱乐部愿意在球场上投入一定资金提升球迷观赛体验，对提升俱乐部与球迷黏性也有益，但大型维修改造等经费建议仍由政府或业主方承担，以减轻俱乐部的运营负担。

6.4.1.4 将球场经营权作价入股俱乐部

《方案》中提出："鼓励俱乐部所在地政府以足球场馆等资源投资入股，形成合理的投资来源结构。"在具体操作过程中，由于我国专业足球场大部分为国有资产，投资额巨大，以我国为承办 2023 年亚足联亚洲杯新建的球场为例，其均价达每座 33 亿元，如果以球场的固定资产入股俱乐部，则容易导致在俱乐部股权中占比过大，俱乐部将成为国有控股企业，这显然违背了职业体育发展的市场化规律。球场成为俱乐部股东后，每年面临数千万元的固定资产折旧，俱乐部也无力承担，同时俱乐部还需支付高额的房产税、地租税，相关支出无疑会增加俱乐部的财务压力。但我国俱乐部估值不高，因此在推进球场资源入股俱乐部的实际操作中还需考虑介入的方式，政府可以采用将国有球场的经营权作价入股俱乐部的方式，在对其进行资产评估后，以国有无形资产的方式入股俱乐部，所占的比重不超过 20%，政府按照出资比例对俱乐部负责，并与俱乐部分享收益。为了减轻俱乐部的经营和财政压力，球场的大规模维修和改建费用仍然由政府承担，俱乐部主要负责球场的日常运营和维护，以充分发挥球场作用，促进球场得到充分利用，拓展俱乐部收入渠道。球场以无形资产入股俱乐部，也能有效避免俱乐部将其用作固定资产举债、发行债券等高风险性活动，从而有效防止国有资产流失。政府将球场经营权作价入股俱乐部后，可有效改善目前中超联赛足球俱乐部单一股东和"一股独大"的局面，促进俱乐部的股权多元化改革；同时，球场也可交由俱乐部进行专业化运营，与俱乐部建立利益共享、风险共担的圈内关系，以提高球场的利用率。

6.4.1.5 球场委托俱乐部运营

在我国体育场馆大力实行运行机制改革、场馆实现两权分离的背景下，我国专业足球场委托给俱乐部运营，可以实现球场由事业单位运行机制向现代化企业运行机制的转变，提升球场运营管理效益，这是我国俱乐部获取球场运营权的一条可行路径。

我国专业足球场委托给俱乐部运营应注意以下两个问题：首先，政府监管要到位，严格按照合同对俱乐部和球场进行监督管理，坚持球场的经济属性与公益属性相结合；其次，受托方即俱乐部要不断提升球场运营能力，依托俱乐部资源和赛事活动优势，积极盘活球场资源，提升球场运营管理水平。

委托运营模式较为适合投资方为政府的球场，一方面，根据国家相关政策要求，应实现球场的公司化运营；另一方面，政府方一般不熟悉球场运营业务，希望通过第三方机构运营球场。我国专业足球场的投资方大部分为政府，由政府运营球场通常较为注重社会效益，对于商业开发重视不够，会造成球场自身造血能力较弱，只能依靠财政拨款，从而加重政府财政负担。因此，对于我国新建的一批专业足球场，政府可通过将球场公开招标或者直接委托给俱乐部运营的方式，将球场经营权交给俱乐部，俱乐部在球场所有权和经营权分离的基础上，实现"自主运营、自负盈亏"。将球场进行委托运营后，可以更充分利用俱乐部自身的内容资源，促进球场赛事活动的开展和相关收益的提升，同时也利于提升俱乐部的运营收益。

6.4.1.6 成立合资公司共同运营球场

俱乐部与业主方或运营商成立合资公司共同运营球场也是我国俱乐部参与球场运营的可行路径之一。一方面，该模式不仅可以增加俱乐部的话语权，使其各种需求在球场运营中得到充分响应，同时业主方或运营商也可借助俱乐部的各种资源，增加球场举办赛事活动或商业活动的场次，双方共享收益。另一方面，成立的新球场运营公司一旦运营成效显著，形成丰富的开发经验，就可以向外输出管理，承接其他球场的管理业务，无论是对俱乐部还是对业主方、运营商都是双赢的局面。我国部分亚足联亚洲杯球场业主方及运营机构应积极与俱乐部合作，双方共同成立合资公司负责球场运营。以上海浦东足球场为例，其业主方为上海久事体育集团，该球场作为上海海港的主场，最终由上海久事体育集团与上海海港集团共同出资成立的运营公司——上海浦东足球场运营管理公司负责开发运营，根据其股权结构，上海海港集团处于控股地位，在上海浦东足球场的运营中享有充分的话语权，上海海港足球俱乐部作为其下属子公司，运营需求也能得到一定响应，俱乐部可在一定程度上参与球场运营。

促进俱乐部与业主方或运营商成立合资公司主要有以下两种路径：一是对于已经有运营公司的球场，球场可充分鼓励运营公司积极吸引俱乐部参与，成立共同的合资公司运营球场，保障俱乐部权益，减轻运营公司的运营压力。二是对于包括亚足联亚洲杯球场在内的新建球场，如尚未确定运营商，俱乐部可积极与球场业主方合作，成立合资公司，提升球场运营能力，参与球场运营。

6.4.2 间接参与：提高俱乐部话语权

6.4.2.1 俱乐部母公司参与球场建设并运营

我国俱乐部在无法直接参与球场运营的情况下，也可以通过间接参与的方式提升俱乐部话语权。可通过俱乐部母公司建设并运营球场的方式参与球场运营，该路径较适合我国资金较为雄厚且愿意为俱乐部投资建设球场的俱乐部母公司。从我国中超联赛各俱乐部的投资结构来看，其母公司多为房地产企业或涉房地产企业，资金相对雄厚，有一定实力建设并运营球场，俱乐部则可以依托母公司间接参与球场运营。采用该模式，球场运营主要由其母公司负责，俱乐部则提出一定的使用需求，这既可以在一定程度上保障俱乐部的球场使用权，也可以减轻俱乐部运营球场的压力，从而能够投入更多精力做好俱乐部自身建设；在运营球场的过程中，母公司也会考虑俱乐部的使用需求，为其提供相应的设施设备，提升俱乐部的使用体验。

6.4.2.2 俱乐部母公司成立球场运营公司运营球场

我国俱乐部母公司投入项目较多时，通常会成立独立的球场运营公司运营球场，这一市场行为有以下几点优势：一是球场运营公司能独立进行会计核算，其亏损不会与母公司利润相抵；二是球场运营公司具有独立的法人地位，能有效规避经营风险，其母公司只在出资范围内承担风险，不会因为球场运营公司的经营失误而遭受更多损失，更不会影响母公司其他业务部门和其他子公司的相关权益；三是有利于强化母公司在足球领域的核心竞争能力，提升公司整体形象。俱乐部与球场运营公司属于同级的二级子公司，二者为平行关系，俱乐部可与球场运营公司开展深度合作，互利共赢，球场运营公司可以优先保障俱乐部在球场使用中的话语权。当面对赛事与其他活动时间冲突等问题时，优先保证俱乐部使用，俱乐部也可以通过丰富的赛事资源为球场运营公司提供更多的赛事活动，保障球场的使用频率。该模式有助于俱乐部母公司规避球场运营风险，在不影响母公司正常业务开展的前提下，促进俱乐部和球场运营公司进行资源共享，提高母公司在足球领域的影响力和竞争力。

6.5　我国职业足球俱乐部参与球场运营的影响因素

根据对 2023 年中国亚足联亚洲杯部分承办球场的实地调研与专家访谈，结合当前我国职业足球俱乐部及体育场馆发展状况与存在的问题，提出影响我国职业足球俱乐部参与专业足球场运营可能存在的以下几点因素。

6.5.1　囿于球场管理体制，俱乐部难以获取球场运营权

我国的体育场馆（含球场）大多由国家投资建设，所有权一般归国家所有，经营权则可通过多种方式授予不同主体，如专业的场馆运营商或者职业足球俱乐部，以此来激发市场活力。但在推进过程中发现，我国公共体育场馆大多数仍由各级政府下属的事业单位运营管理，体育场馆并未实现真正意义上的"两权分离"。目前，在中超联赛 16 家俱乐部中，只有河南足球俱乐部完全拥有其主场的所有权和运营权，部分俱乐部获得了球场一部分的运营权，而其余既无所有权也无运营权的俱乐部只能以租赁场地形式进行比赛，在租用球场开展比赛时只拥有部分商业开发权，其余时间无权干涉球场的运营。因此，很难确保球场专供俱乐部使用，易使球场因举办其他活动而导致比赛延期，抑或在其他时段球场因开展非足球商业活动而对球场草皮产生不同程度的破坏，影响俱乐部比赛使用。

俱乐部难以拿到球场运营权的主要原因在于我国体育场馆现行的管理体制，体育场馆具有国有资产属性，作为国有资产，其运营多由体育行政部门负责，并直接交给其下属的事业单位运营，不论是运营商还是俱乐部均作为第三方机构，获得球场运营权渠道不畅。目前，体育场馆运营权改革不彻底，虽然许多体育场馆运营逐渐开始由传统政府主导型管理模式转变为企业型、事企双轨制等多种运营管理模式，但多数体育场馆的运营管理仍由事业单位负责，政府在场馆的运营管理方面仍然拥有较大的话语权。就我国现有的几座专业足球场的运营情况来看，尽管现在已经有一部分运营商介入了球场运营，但球场的经营权尚未完全开放进入市场，诸如委托运营、ROT、合资运营等情况并不普遍。球场运营商都尚且难以获得球场运营权，作为俱乐部，参与球场运营的难度更大。

6.5.2　自建球场审批流程烦琐，所需建设资金过大

我国职业足球俱乐部在球场使用过程中受到的一系列限制，促使上海上港等

足球俱乐部有意愿自建球场，但面临土地出让难、审批流程烦琐、投资额大、球场盈利能力不强等一系列问题。俱乐部自建球场首先需要获得相应的土地使用权，根据现行土地划拨管理的相关规定，俱乐部建设球场使用的土地并不能采取无偿划拨方式获得，必须以出让方式获得，各地对土地出让的条件和摘牌对象的要求较高。例如，中部某市用于建设球场的土地出让文件中要求地块竞标者或者其所在的公司必须是《财富》周刊上全球 500 强的公司；专业足球场须在土地交付之日起 3 年内建成并投入使用。这就要求我国俱乐部不仅要有强大的经济实力，也要有专业的运营建设团队，而我国能够满足以上条件，能成功拿地的俱乐部相对较少，除非通过俱乐部母公司拿地。

另外，建设球场需投入的资金巨大，从俱乐部拿地到完成建设需投入少则几亿元，多则几十亿元的资金。例如，广州恒大淘宝足球俱乐部通过国家出让土地使用权的方式，向国家支付了 68.1 亿元的土地使用权出让金，最终获得了球场所在土地 40 年的使用权限。在拿地后，球场建设也需要投入巨额资金，从我国 10 座亚足联亚洲杯球场中新建的球场来看，最少投入 13.6 亿元，最多则投入 85.3 亿元。这些球场的建设资金大多来源于政府财政或当地国有企业自筹，而对于俱乐部来说，自建球场巨大的经济投入是一项风险过高的项目，进一步制约了我国俱乐部投资建球场的积极性。

6.5.3　球场运营市场化程度不高，服务内容较为单一

我国球场服务内容较为单一，在多元赛事及活动的引入、商业空间的开发等方面存在欠缺，导致我国球场营收能力不足。球场并非仅一次投入，建成后在维护方面支出费用巨大，如球场日常的能源支出、员工工资支出、球场升级改造支出等，同时还面临着每年高额的折旧费用，球场收支难以平衡。我国球场的投入和经济产出往往不成正比，成为导致俱乐部难以参与球场运营的现实阻碍。目前大部分球场仅通过出租比赛场地收取租金的方式维持球场运转。例如，我国的上海虹口足球场虽然赛事频率较高，但是球场的其他商业收入欠佳，球场除了提供比赛场地，其他商业空间的盈利能力有限，球场多元的收入渠道并未充分打开，仅依靠租金营收的球场运营艰难，常常需要政府进行补贴才能维持运营，自然对俱乐部参与运营的吸引力不大。此外，我国球场设计相对国外球场来说较为单一，其他商业功能规划不足，我国原有的几座球场较少利用看台下空间开展餐食业务、接待服务、商品销售等活动，球场的其他盈利渠道如俱乐部商店、

俱乐部展览馆、足球博物馆等场所也较少设置，或者质量不佳，使得球场的商品销售收益有限，给俱乐部运营球场提供的盈利空间较少，而俱乐部又无法事先参与球场设计，导致俱乐部参与球场运营的积极性不高。

6.5.4 俱乐部运营能力有限，难以承担球场运营任务

我国俱乐部职业化程度不高，与国外俱乐部相比运营能力相对有限，即使其有强烈的意愿参与球场运营，但因缺乏一定的场馆运营经验和专业团队，加之运营球场的费用极高，俱乐部也难以承担球场运营任务。首先，我国俱乐部球场赛事活动开发能力较弱，国外俱乐部运营球场多是在保障自身使用球场的同时，大力开发其他赛事或活动，如各种球迷活动、演唱会等，拓宽球场的盈利渠道。我国俱乐部如原河南建业足球俱乐部在运营航海体育场期间，赛事和文化活动开发极其有限，运营效益不高，俱乐部主要靠母公司"输血"才能勉强维持球场运营。其次，我国俱乐部对于球场的商业开发能力有待提升，主要表现在球场商业收入过于单一、球场赞助效益不高、衍生产品开发欠缺等。我国俱乐部运营球场大多依赖赞助商赞助获取收益，收入过于单一，而球场的门票收入只占总收益的12%，对比赞助收益，基本可忽略不计，且对比国外俱乐部赞助商和赞助收益，我国俱乐部赞助效益不高，多由母公司赞助，商业价值还有待进一步开发。同时，俱乐部对球场周边的服务设施如餐饮设施、娱乐设施、交通设施、安全设施和医疗设施等的重视不够。例如，球迷餐厅本可以增强球迷对球场的黏性，可为球场创收，但国内球迷餐厅和酒吧多由个人出资运营，俱乐部并未开展相关业务。最后，我国俱乐部的球迷文化培育不够，球队经常出现短短几年就解散的情况，且部分俱乐部主场搬迁频繁，球迷对球场的归属感不强，长久以来难以形成一定的球场文化。反观国外足球发达国家，俱乐部长期扎根于社区，早已成为社区文化的代表，球迷前往球场观赛已是生活的重要组成部分。

6.6 我国职业足球俱乐部参与球场运营的建议

6.6.1 深化球场经营权改革，完善俱乐部参与球场运营政策

当前我国球场的所有权和经营权分离不够彻底，部分球场仍由事业单位运营，球场未能充分进行市场化运作，盈利能力有限，难以吸引社会力量参与球

场运营，长此以往也将增加政府财政压力。为破解该障碍，应继续加大对行政机关和事业单位所属场馆推进所有权归国有、经营权归公司的"两权分离"改革的力度。国家层面，在全面贯彻《方案》的基础上，国家体育总局应积极争取相关部委支持，制定和完善相关支持政策，如对俱乐部运营的球场提供一定的税收优惠或资金补贴，激发俱乐部运营球场的积极性；还可优化职业足球俱乐部股权结构，鼓励政府将球场运营权以国有无形资产的形式入股俱乐部，优化俱乐部法人治理结构，为更好地参与球场运营打下基础。政府在对球场的日常管理中要做到产权明晰，减少行政干预，充分给予俱乐部自主经营权，保障俱乐部在球场运营中的话语权，除重大项目需要审批或者行政决策外，行政部门无须干涉球场的日常运营。与此同时，在地方政府层面，应该打破传统管理体制的束缚，创新球场的改革和发展思路，加大金融、税收及财政方面对球场建设、维修、管理运营的扶持力度，真正为球场的多元化、市场化运营营造一个良好的环境，支持俱乐部参与球场运营。

6.6.2 转变球场经营理念，建立俱乐部与球场的共生关系

为了保障俱乐部的话语权，同时促进球场参与市场化运作，实现盈利，球场与俱乐部之间建立协同发展的共生关系尤为必要。国外相关经验表明，俱乐部运营的球场，不论是俱乐部话语权还是球迷观赛体验及球场的商业开发能力都要更为出色。球场的主要用途是开展与足球相关的赛事及活动，其使用的主要群体是俱乐部。因此，球场应该转变经营理念，主要服务好俱乐部的使用需求，保障俱乐部在球场运营管理中的话语权，着眼球场的长期发展，通过对球场进行多功能设计、智慧化升级等方法积极吸引俱乐部参与球场运营，形成相互扶持、互促发展的良好局面，保证俱乐部的使用效果，依托俱乐部运营不断提升球场的盈利能力和球迷的观赛体验。

我国已有部分亚足联亚洲杯球场在一定程度上建立了与俱乐部的共生关系，如北京国安足球俱乐部可通过 PPP 模式参与新北京工人体育场的使用及运营，上海海港足球俱乐部可通过其母公司参与上海浦东足球场的使用及部分运营。其他的亚足联亚洲杯球场与俱乐部建立协同发展关系可通过委托运营、长期租赁、经营权作价入股俱乐部等方式赋予俱乐部球场运营权；或者支持俱乐部通过资金等方式入股球场运营公司，与运营公司一同管理球场。

6.6.3 因场制宜选择参与方式，提升俱乐部话语权

我国球场由于建设时间、投融资模式等均有所不同，在推进俱乐部参与球场运营时，不宜一刀切，需要因场制宜，选择合适的参与方式，逐步提升俱乐部在球场运营中的话语权和决策权。对于准备新建的球场，建议采取 BOT 运作模式，由俱乐部参与的联合体组建项目公司，承担球场设计、融资、建造、运营、维护和用户服务等职责，政府与项目公司签订球场运营权授予合约，并设定合约期限，在合约期限内项目公司以俱乐部为主，全权负责球场的运营及维护，合同期满后将球场及相关权力移交给政府。对于已经投入使用且设施设备较为老化的球场则可采用 ROT 模式，政府将球场所有权有偿转让给俱乐部，并由俱乐部负责球场的改扩建、运营、维护和用户服务，合同期满后球场及其所有权移交给政府。我国原有的 6 座专业足球场可采用 ROT 运作模式，不仅可妥善解决球场条件较差的问题，也可拓展球场的商业开发渠道。对于已经完成建设的新建球场，建议采用委托运营的模式，球场所有人（一般是当地政府）将球场委托给俱乐部运营，所有权继续归政府所有，使用权、经营权通过委托管理协议交由俱乐部行使。对于我国已经完成建设的亚足联亚洲杯球场，可直接委托给俱乐部管理，可操作性较强。对于已经建成且有俱乐部入驻，以租赁方式为主的球场，建议球场所有者以长期租赁的形式将球场出租，可以签订最长不超过 20 年的租赁合约，在租赁合同内，明确保障俱乐部合理的使用权益，扩大俱乐部的职权范围。对于已经确定运营商的球场，建议采用资助等多种方式，支持俱乐部入股球场运营管理公司，从而提高俱乐部在球场运营与管理中的话语权和决策权，让俱乐部从租户转变为股东，将组织间关系转化为组织内部关系，构建利益共同体。

6.6.4 提升俱乐部运营能力，承担球场运营重任

俱乐部参与球场运营是未来中国职业足球实现市场化高效运营的必经之路，只有进一步提升俱乐部运营球场的能力，才能更好地激发其运营球场的动力，促进俱乐部和球场的可持续发展。首先，俱乐部应努力提高球场赛事质量，并加大活动营销力度，通过提供优质的赛事活动，提升我国职业足球赛事的吸引力和竞争力，吸引球迷到球场观看和消费；同时，加强赛事活动营销，强化赛事和球场之间的关联度，培养球迷的现场观赛和消费习惯，提升比赛日收入。其次，俱乐部在运营球场时，除开展足球赛事外，也应积极开展其他与足球相关的赛事或

活动，如国外球场常在球场举办足球音乐节、足球文化展览和球迷见面会等活动，一方面有助于拓展球场的收入渠道，另一方面有助于维系球迷对球场和俱乐部的情感，为俱乐部后续运营球场积累较为稳定的人流量。最后，俱乐部应进一步提升球场商业开发的能力，对于设施较为完备的球场，可利用看台下空间、球迷商业街进行商品售卖，对功能用房进行对外出租等，增加球场运营收入；对于设备较为老旧的球场，俱乐部应先对球场进行投资改造，通过设计多功能用房、足球博物馆、球迷商店、特色餐饮等商业设施，构建球场未来多元的盈利空间。

6.6.5　加强俱乐部文化建设，提升球迷归属感

俱乐部参与球场运营必须加强俱乐部文化建设，提升球迷的归属感和忠诚度，吸引更多球迷到现场观赛。从欧洲球场运营经验来看，运营较好的球场，均重视球迷文化的培育。我国中超俱乐部对于俱乐部的文化建设以及对自身主场的文化建设重视程度不够，有针对性的球迷文化建设还相对匮乏。仅有少部分俱乐部在官网上有主场的相关介绍和资讯，仅有一半的俱乐部官网设置有球迷专区，球迷文化建设缺乏导致球迷与俱乐部和球场的黏性较低，俱乐部和球场的文化建设不充分、不完善，减弱了其社会影响力和号召力的同时，也大大降低了俱乐部自身和球场潜在的经济效益。

根据国外经验并结合我国实际，我国俱乐部应在充分考虑球迷消费习惯的基础上，加大对球场商业空间和无形资产的开发力度，提升球场收益。通过开展球迷活动等方式聚集人流量，形成人群聚拢效应，便于球场进一步吸引赞助冠名。可充分借助互联网平台，如微博、抖音、微信公众号、小红书、快手等传播矩阵对球场进行宣传，建立俱乐部及球场的官方账号，及时进行信息更新，并与粉丝沟通互动，扩大球场影响范围，提升球场知名度。另外，俱乐部应在球迷能直观感受到俱乐部和球场情况的官网上倾注更多精力，打造具有俱乐部特色的官网，并连同球场官网，一起做好球迷浏览、信息查询等相关服务，发挥好官网作为第一展示平台的作用。有条件的球场，应积极开展球场参观活动，加强球迷黏性，提升俱乐部和球场的知名度。

6.6.6　签订公共服务协议，履行球场公共服务职能

球场在进行运营机制改革时，俱乐部无论以何种方式参与公立球场的运营，都应明确其公共体育场馆属性，必须履行公共服务职能，不能因过分追求经济效

益而忽视球场的社会效益。因此，建议政府在授予俱乐部运营权时，应与俱乐部签订公共服务合同，进一步明确球场需提供的公共服务内容和服务范围，并将其纳入书面协议，以保证球场在俱乐部使用之余仍能为公众使用，同时政府可给予公共服务开展良好的球场一定补贴。

鉴于我国专业足球场内场草皮造价高昂且脆弱的特殊性，建议内场场芯不向公众开放，因为开放后可能导致草皮损坏，俱乐部后续无法正常进行比赛，但球场的其他区域可以正常对外开放，行使公共服务职能。例如，球场的看台区域可定期向市民开放，市民可以进行参观、体验，甚至还可作为婚礼取景地，满足球迷的多样化需求；球场的附属空间，如功能用房、与足球文化相关的展览室等，均可在非赛时向球迷或社区开放，进一步加大非赛期面向周边社区的开放力度，使社区居民能够在体育健身的同时了解和体验球场文化，同球场之间建立深厚的感情。另外，足球场作为特色地标，可利用球场周边区域建设足球主题公园，向社会开放。球场功能用房和周边地块可用于开展文化庆典、青少年培训等多样化的文化活动，构建多元文化生态，更好地服务人民群众。还可充分利用俱乐部的优势，开展一些公共体育服务活动，如足球训练营等，进一步加大社会服务力度。

球场赛后利用效果评价：CSUI 指数研究

我国现有以球场为代表的大型体育场馆大多因赛而建，由于规模较大、运行维护成本较高，大多数体育场馆的自我造血能力不足，赛后使用频率不高，产生困扰主办城市的"白象综合征"，加强体育场馆赛后利用研究，对于提高体育场馆利用率、远离"白象"具有重要价值。当前，国内尚缺乏一套通用的体育场馆利用率评价标准，国外普遍采用 SUI 指数、上座率等指标进行评判，但这对我国体育场馆的适用性仍有待进一步本土化改造。因此，本研究试图在借鉴国外体育场馆利用指数研究的基础上，结合中国实际，构建与国际接轨、适应中国情境的场馆利用指数，选取我国体育场馆数据进行实证研究，并对利用指数的影响因素进行相关性分析，讨论提高体育场馆利用率的实践启示，以期为提高我国体育场馆利用率提供参考。

7.1 CSUI 指数构建

本研究的目的是基于我国现行有关法律法规，根据场馆的功能和应用场景，开发适合中国情境又与国际接轨的体育场馆利用指数。选择"体育场"这一类型场馆展开实证分析，以便与同类型场馆及国外场馆进行横向比较。体育场通常座位数较多、占地面积较大、运维成本较高，赛后利用难度更大。因此，本研究对于客观评估体育场利用状况、避免体育场空场和闲置、提高体育场利用率具有重要的现实意义。

7.1.1 利用指数构建原则

利用指数构建应遵循以下基本原则：①可比性原则。指数的构建通常采用降维的思想，聚合多个维度的单一数据，简洁明了地体现场馆利用水平，包括场馆不同时期的利用水平动态变化、不同场馆之间利用水平截面差异等。因此，在选择指数的构建指标项时，应充分考虑指标的灵敏度。②可操作性原则。指数的设计应简明、易理解、操作便捷、应用性强，可满足主管部门、运营主体常态化管理、决策参考等需要。因此，在设计指数的计算方式时，应避免复杂的数理计算公式和方法。③适用性原则。评价指数的内涵应符合中国实际情况，尤其要关注场馆的公益性使用的需求。2022 年 1 月 4 日，习近平总书记在北京考察冬奥会、冬残奥会筹办备赛工作时曾指出："无论是新建场馆还是场馆改造，都要注重综合利用和低碳使用，集合体育赛事、群众健身、文化休闲、展览展示、社会公益等多种功能。"应充分考虑场馆多元化使用功能，除大型体育赛事活动、文化娱乐活动等内容外，还应关注场馆承载的全民健身功能。为体现可比性、可操作性和适用性等原则，本研究将分别计算场馆不同功能的利用指数，并保留其原始数值，不做标准化处理，以便不同国别、不同时期利用指数的比较分析，同时能够简化运算、方便应用，更直观地反映场馆利用情况。

7.1.2 利用指数构建基本逻辑

7.1.2.1 场馆使用功能分析

场馆的功能已经从传统的仅用于"运动训练、竞赛、群体活动"的基础功能拓展到了多元复合功能，并在带动区域经济发展、激发城市活力等方面起到重要作用。应当识别场馆能够实现的服务功能，并将其纳入场馆的绩效评价内容中，使得评价工作更有依据，也让运营企业的服务项目更有针对性。场馆是典型的大空间建筑体，可为多种功能提供服务空间。现有研究主要将场馆的使用功能划分为体育服务、文娱活动、旅游观光、展会及其他方面。《北京 2022 年冬奥会和冬残奥会体育遗产报告集（2022）》中，将赛事场馆赛后利用功能分为"聚焦全民健身、举办高端赛事、打造服务市民体育文化旅游休闲的综合体"三个方面。因此，本研究将我国的场馆利用归纳为全民健身和举办文体活动两个方面。

第一，全民健身上升为国家战略，服务全民健身是场馆的重要使命。我国大多数场馆是依靠国家财政投资建设的，所有权性质为国有，属于公共体育场馆，服务全民健身是其重要功能之一。现代化场馆公益惠民的规模和质量是构建更高水平的全民健身公共服务体系的重要保障。2014年，国家体育总局和财政部联合下发了《关于推进大型体育场馆免费低收费开放的通知》，对场馆的免费低收费开放提出了更为具体和细致的要求，并安排补助资金支持免费低收费开放。公益性是场馆的重要属性，服务全民健身是场馆的首要功能，也是中国场馆的重要使命。免费低收费开放工作缓解了场馆赛后闲置的问题，让原本"高大上"的场馆"放下身段""开门迎客"，也是中国在解决场馆赛后利用问题过程中的独创经验。因此，"全民健身"是场馆利用的重要内容，本研究选择单位场地面积内场馆全民健身接待人次（不含体育赛事活动参加人次）作为利用指数的指标之一。

第二，场馆具备各类文体活动的承载功能，场馆应不断拓展服务功能，盘活场馆存量资源，提高利用率。2015年，国家体育总局在《体育场馆运营管理办法》中明确，在保障体育事业任务的前提下"按照市场化和规范化运营原则，充分挖掘场馆资源，开展多种形式的经营和服务"，并鼓励"有条件的体育场馆发展体育旅游、体育会展、体育商贸、康体休闲、文化演艺等多元业态"，体现了对场馆丰富使用功能、提高运营效能的期待。例如，洛杉矶 L.A.Live、华熙 LIVE 五棵松等城市中央活力中心都是依托场馆构建的体育服务综合体，在体育本体功能基础上汇聚商业、文化、娱乐、办公等多元复合功能，使得区域充满活力和吸引力。因此，不少学者将场馆称为一个"被媒体技术完全渗透的空间"，或是一个具有"巨大娱乐工作室"功能的中介建筑。此外，场馆作为城市地标、球迷圣地、赛事遗产、"凝固的体育事件"，具有极高的旅游观光、文化交流的价值。大型赛事场馆也通常被打造为著名的旅游目的地向公众开放。例如，2008年北京奥运会之后，国家体育场"鸟巢"作为国家5A级旅游景区、北京奥林匹克公园内的重要景点之一，每年吸引成千上万的海内外游客慕名前来"打卡"；通过接待中外游客和观众、举办各类大型赛演活动，年经营收入超过3.2亿元，完全覆盖固定资产折旧、运营维护费等成本支出，连续多年实现自主盈利，保持了可持续发展的良好态势。同时，场馆由于本身具有空间开阔、通风良好、选址合理和配套齐全等天然优势，它在人类面临重大安全事故时能够发挥临时应急庇护的功能，尤其是在抗击疫情的关键时期，大量场馆被改造为方舱医院，用以收治轻症患者，为抗击疫情发挥了重要作用，也为世界抗疫提供了"中国经验"。

7.1.2.2　CSUI 指数构建

本研究试图构建 CSUI 指数，以作为中国体育场馆利用率的测量指标。根据相关法规和政策要求，我国场馆在使用功能上，不仅应满足大型赛事活动的需要，还应主动对外开放，服务全民健身。因此，CSUI 指数包括赛事 SUI 指数和健身 SUI 指数两个维度。赛事 SUI 指数主要借鉴 Preuss 等对 SUI 指数的研究，以"全年赛事活动人数/座位数"计算用于体育赛事和非体育活动的场馆使用效率，本质是计算满场使用的赛事活动次数。健身 SUI 指数主要是借鉴国家体育总局办公厅2022 年初印发的《公共体育场馆免费低收费开放服务评价指引（试行）》中关于公共体育场馆评价指标的内容，主要考察健身场地面积、接待人次等指标。本研究以"每万平米场地面积全年接待人次"计算用于全民健身的体育场馆使用效率，本质是计算体育场馆日常开放使用过程中的单位面积接待能力，即

中国体育场馆利用指数（CSUI）＝（赛事 SUI 指数，健身 SUI 指数）

$$=（全年赛事活动人数/座位数，$$

$$全年健身接待人次/场地面积）$$

CSUI 指数由两个独立的利用指数构成，赛事 SUI 指数为场馆服务于赛事活动的每年满座使用次数，主要体现场馆服务于观赏型体育竞赛表演、非体育赛事活动等项目的利用率，数值越高，场馆用于赛事活动的利用率越高；健身 SUI 指数为场馆服务于全民健身的平均每年每平方米的接待人次，主要体现场馆服务于体验型健身休闲服务内容的利用率，数值越高，场馆用于健身活动的利用率越高。通过与国家体育总局经济司负责人、部分场馆负责人及场馆研究专家的深入研讨，认为 CSUI 指数能够较为客观、清晰地反映场馆赛事活动和全民健身的使用情况。CSUI 指数避免了复杂的统计运算，数据客观、直观，操作性强；横纵皆可比较，对场馆间利用水平差异及时间上的动态变化能够清晰、简洁地呈现；相比较国外以赛事活动单一维度计算场馆利用率的方式，CSUI 指数能够更全面地展现场馆服务功能，体现了我国场馆服务"以人民为中心"的价值取向。因此，CSUI指数能够为各级主管部门、场馆运营机构及投资机构等提供决策支持。

7.1.3　数据来源

本研究选取 2021 年开放数据，其中重点关注"场馆类型""固定座位数""核

心区免费低收费开放的场地面积""核心区免费低收费开放接待人次""核心区举办免费低收费赛事活动参加人次"等信息。采用互联网爬虫工具在"全民健身信息服务平台"爬取 2021 年度体育场基本信息及运行数据（截至 2022 年 7 月 31 日），并结合官网、当地政府或主管部门网站的公开信息情况，剔除部分数据相互矛盾的样本，计算其 CSUI 指数，筛选出固定座位数在 2 万座以上的体育场，最终确定 266 个体育场样本。其中，"全年赛事活动人数"由年度内历次"核心区举办免费体育赛事活动参加人次"累计而得，"全年健身接待人次"由"场馆区（包括核心区、外围场地）平均每天免费低收费开放接待人次×连续 12 个月内免费低收费对外开放天数"计算得出。

7.2　研究结果与讨论

7.2.1　总体情况分析

2021 年，体育场赛事 SUI 指数平均值为 0.61，中位数为 0.23；健身 SUI 指数平均值为 16.22，中位数为 9.11（表 7-1）。具体来看，赛事 SUI 指数数值偏小，1 分以上的体育场共 38 个，仅占 14.3%，大部分集中在 1 分以下；健身 SUI 指数数值相对较大，20 分以上的体育场占 25.6%，10~20 分的体育场占 21.1%，10 分以下的体育场占 53.4%，在疫情常态化防控背景下，体育场能够满足日常对外开放服务的基本需求。2021 年受疫情影响，体育赛事活动的举办受到较大影响，体育场在对外开放过程中，更多地服务于全民健身功能，而在体育赛事活动方面的利用水平偏低。

表 7-1　2021 年度 CSUI 指数及相关信息（N=266）

项目	平均值	中位数	标准差	最小值	最大值
赛事 SUI 指数	0.61	0.23	1.29	0.00	11.26
健身 SUI 指数	16.22	9.11	19.48	0.09	107.61
固定座位数/座	27062.84	22077.50	9858.94	20000.00	80012.00
建筑面积/m²	97684.49	60042.00	112903.41	13000.00	917000.00
场地面积/m²	49926.89	33026.50	67598.96	1600.00	841122.00
用地面积/m²	97684.49	60042.00	112903.41	13000.00	917000.00
赛事活动人次	15940.84	5495.00	31493.93	50.00	232000.00

续表

项目	平均值	中位数	标准差	最小值	最大值
赛事活动场次	10.80	8.00	12.12	1.00	96.00
健身接待人次	550359.24	330000.00	701392.21	3000.00	4950000.00
运营单位性质	0.28	0.00	0.45	0.00	1.00
建成时间/年	14.90	12.00	10.78	2.00	87.00
开放天数/天	347.01	360.00	36.09	100.00	365.00
日均接待量/（人/天）	1563.01	1000.00	1985.50	30.00	15000.00
场均上座率/%	0.08	0.03	0.21	0.00	2.46
场均赛事人次/（人/场）	1964.12	656.50	5488.41	50.00	64080.00

与历届世界杯足球场的运营数据相比，我国体育场赛事活动数据并不具有优势（表 7-2）。这一方面与我国当前体育赛事不够丰富及演艺市场低迷有关，另一方面反映了场馆办赛能力不足、市场开发能力偏弱的现状。然而，我国体育场多数为综合性运动场，功能丰富、使用灵活。对外开放作为全民健身使用是提高场馆利用率、避免场馆闲置的重要途径，有效弥补了大型赛事活动偏少的缺陷。从 2019 赛季中超球场的利用率情况看（表 7-3），15 个球场的赛事 SUI 指数均值为 10.64，可见，疫情之前，我国顶级联赛的球场利用水平具有一定的竞争力，能够达到其他国家世界杯级别球场的利用水平。

表 7-2 历届世界杯足球场与中国部分体育场利用情况差异一览表

数据年份	国家（年份）	足球场数量/座	平均座位数	平均赛事场次	平均上座数	赛事 SUI 指数均值
1998	美国（1994）	9	75000	20	750000	10.0
2002	法国（1998）	10	41900	21	637000	15.2
2010	日本（2002）	10	48400	38	443000	9.1
2010	韩国（2002）	10	47500	—	199000	4.2
2010	德国（2006）	12	57000	24	1066000	18.7
2013	南非（2010）	10	51600	19	297000	5.8
2012	巴西（2014）	12	49900	20	276000	5.5
2019	中国	15	47500	20.2	508851	10.64
2021	中国	266	27063	10.8	15941	0.61

资料来源：https://fivethirtyeight.com/features/were-the-billions-brazil-spent-on-world-cup-stadiums-worth-it/。

表 7-3 2019 赛季中超球场 SUI 一览表

球场	是否为专业球场	固定座位数（平均数=47500.27）	赛事活动总场次（平均数=20.20）	赛事活动客流量（平均数=508851.40）	赛事 SUI（平均数=10.64）
新北京工人体育场	否	70161	21	804494	11.47
南京奥体中心体育场	否	61443	23	593380	9.66
大连市体育中心体育场	否	61000	18	555331	9.10
深圳大运中心体育场	否	60334	15	282524	4.68
重庆奥林中心体育场	否	58680	18	558906	9.52
广州天河体育场	否	58500	21	807617	13.81
上海体育场	否	56842	21	462824	8.14
济南奥体中心鲁能大球场	否	56808	23	557819	9.82
天津奥体中心	否	54696	37	1198097	21.90
上海虹口足球场	是	33000	28	646252	19.58
北京丰台体育中心体育场	否	33000	15	121560	3.68
廊坊市体育场	否	30040	15	266085	8.86
郑州航海体育场	否	30000	16	315432	10.51
东西湖体育中心	否	30000	15	305400	10.18
广州越秀山体育场	是	18000	17	157050	8.73

资料来源：作者根据网络数据自行整理。

7.2.2 相关性分析

对 2021 年体育场有关变量进行相关性分析，采用 SPSS 25 软件计算其相关系数并进行显著性检验。从相关性分析结果（表 7-4）来看，体育场健身 SUI 指数与固定座位数、场地面积、运营主体性质、建成年份、免费低收费开放服务信息是否公开、场馆客流信息是否有实时统计、是否有信息化统计方式、是否获得中央及地方补助等因素均显著相关；赛事 SUI 指数与场地面积和地方经济社会发展程度显著相关。

表 7-4　2021 年体育场有关变量的相关性分析结果

项目	ln 健身 SUI 指数	ln 赛事 SUI 指数	ln 固定座位数	ln 场地面积	运营主体性质	建成年份	免费低收费开放服务信息是否公开	场馆客流信息是否有实时统计	是否有信息化统计方式	是否获得中央补助	是否获得地方补助	ln 地方经济社会发展程度
ln 健身 SUI 指数	1											
ln 赛事 SUI 指数	0.121*	1										
ln 固定座位数	−0.203**	−0.003	1									
ln 场地面积	−0.397**	0.181**	0.250**	1								
运营主体性质	−0.128*	0.014	0.157*	0.111	1							
建成年份	0.237**	0.098	0.021	0.027	−0.134*	1						
免费低收费开放服务信息是否公开	0.152*	0.053	0.060	−0.152*	−0.038	0.150*	1					
场馆客流信息是否有实时统计	0.144*	0.037	−0.014	−0.109	0.099	−0.037	0.125*	1				
是否有信息化统计方式	0.227**	0.105	0.094	0.068	0.086	0.166**	0.029	0.376**	1			
是否获得中央补助	0.165**	0.018	−0.022	0.089	−0.098	0.177**	0.176**	−0.058	0.130*	1		
是否获得地方补助	0.146**	0.041	−0.046	−0.033	−0.168**	0.010	0.068	−0.003	0.065	0.309**	1	
ln 地方经济社会发展程度	−0.013	0.214**	0.220**	0.252**	0.177**	0.178**	0.090	0.035	0.079	0.018	−0.045	1

*在 0.05 级别（双尾）上相关性显著。
**在 0.01 级别（双尾）上相关性显著。

7.2.3 回归分析

从回归分析结果中可以看出，固定座席数、场地面积、建成年份、是否有信息化统计方式、是否获得中央补助这五个指标可以对健身 SUI 指数进行一定程度的预测；场地面积及当地 GDP 水平可以对赛事 SUI 指数进行一定程度的预测（表 7-5）。

表 7-5　回归分析结果

	Ln（健身 SUI 指数）		
	β	t	p
（常量）		5.407	<0.001
Ln（固定坐席数）	−0.122	−2.222	0.027
Ln（场地面积）	−0.378	−6.813	<0.001
运营主体性质	−0.039	−0.716	0.475
建成年份	0.187	3.419	0.001
免费低收费开放服务信息是否公开	0.038	0.684	0.495
场馆客流信息是否有实时统计	0.038	0.655	0.513
是否有信息化统计方式	0.202	3.457	0.001
是否获得中央补助	0.106	1.860	0.064
是否获得地方补助	0.072	1.289	0.198
个案数	266		
R^2	0.309		
	Ln（赛事 SUI 指数）		
	β	t	p
（常量）		−5.178	<0.001
Ln（场地面积）	0.138	2.219	0.027
运营主体性质	−0.034	−0.553	0.581
是否获得中央补助	−0.001	−0.022	0.982
Ln（GDP2021）	0.185	2.950	0.003
个案数	266		
R^2	0.064		

7.2.4　讨论

7.2.4.1　规模对利用率的影响

体育场规模主要包括固定座位数和场地面积两个指标。其中，健身 SUI 指数与固定座位数、场地面积呈显著负相关，这与 Alm 等认为的"场馆容量越大，利用率更高"的观点相左。这也证实了，与当地需求不符的、较大容量体育场在可持续利用方面并不具备优势，反而带来了高昂的维护成本，间接增加了日常利用的难度，甚至给运营主体造成了财务负担和运营压力。当前，我国的职业联赛体系尚不成熟，上座率并不高，且大多数体育场上座率与座位数严重不匹配（除疫情影响之外），反映出当前大多数体育场存在座位数偏多、供需失衡的问题。从 2008—2021 赛季的中超联赛主场上座情况看（表 7-6），场均人数在 2 万人左右，这与动辄五六万的体育场座位数十分不协调，与欧洲顶级足球联赛高达80% 的上座率更是形成了鲜明的对比。体育场的维护成本高昂，年久失修的问题屡见不鲜，中超联赛中出现"菜地"球场也屡遭球迷诟病。此外，我国群众性体育赛事活动尚不够丰富，受疫情影响，演出市场持续低迷且面临上座率限制，这在很大程度上影响了体育场利用率的提升。

表 7-6　2008—2021 赛季中超联赛主场上座人数情况一览表

赛季	球队数量	最高上座人数	最低上座人数	场均人数	比赛场次
2008	15	30000	5000	15250	28
2010	16	33131	6592	14890	205
2011	16	45666	6360	17675	240
2012	16	37003	7767	18662	240
2013	16	40428	8284	18571	240
2014	16	41472	9799	18750	240
2015	16	42912	7031	21892	231
2016	16	44764	10458	24238	239
2017	16	45587	9971	23766	240
2018	16	47002	10255	23985	240
2019	16	45795	7545	23234	240
2021	16	8017	0	1215	112

注：2020 赛季受疫情影响，上座率受限，未统计相关数据；2009 赛季数据缺失。

赛事 SUI 指数与场地面积呈显著正相关，但与固定座位数无显著相关。这主要是由于大多体育赛事活动需要较大的场地空间，较大规模场馆在承接赛事活动的过程中具有一定的优势。但由于我国场馆的体育赛事整体上座率偏低，座位数更多的场馆并没有体现出赛事利用率更高的优势，且场均上座率与固定座位数呈显著负相关。同时，出于赛事安全考虑，体育赛事上座人数会有所控制。

例如，中国足球协会曾发文要求"足球赛事售（发）票数量不得超过可售（发）票座席数量的 80%"；在常态化疫情防控背景下，观众上座率受到更为严苛的控制，如上海、北京等地要求室外场地观众上座率控制在 50%以内。这都给体育场的赛事利用率带来了许多不确定因素。另外，与固定座位数在 2 万座以下的中小型体育场（N=152）利用率情况相比较，其赛事 SUI 指数有显著差异，中小型体育场赛事 SUI 指数显著更高（$t = -3.924$）；将中小型体育场一同纳入分析，发现赛事 SUI 指数与固定座位数呈显著负相关（$\beta = 0.287$，$p < 0.001$）。可见，更大的场馆容量对于赛事活动而言，难以体现使用效率，反而对于中小型体育场能够带来更高的年均满场次数，尤其是在当前我国赛事活动市场较为低迷的情况下。此外，地方经济社会发展水平与固定座位数、场地面积、赛事 SUI 指数呈显著正相关，与健身 SUI 指数无显著相关性，说明规模较大的体育场主要位于经济发达地区，其赛事活动需求更高，体育场的赛事活动利用率也相对较高；也可以侧面印证，更大规模的体育场并不一定能够带来更多的赛事活动，而与体育场所在城市的经济社会发展水平有关。

7.2.4.2　运营主体性质对利用率的影响

独立样本 T 检验结果显示，运营主体性质不同，体育场健身 SUI 指数存在显著差异（t=2.277），事业单位运营的体育场在全民健身的利用率方面显著高于企业运营的体育场；在赛事 SUI 指数方面，两者也存在显著差异（$t = -1.568$），事业单位运营的体育场在赛事活动的利用率方面显著低于企业运营的体育场。然而，在回归分析中，运营主体性质对于体育场利用水平的影响不显著，说明两者不存在显著的因果关系。当前，我国场馆经营权改革持续推进，我国场馆运营企业的专业化程度和市场开发能力不断提升，但在完成公益性开放利用任务的过程中仍有所不足，还需要加强政府的持续引导、支持与监管。

7.2.4.3　获得补助情况对利用率的影响

独立样本 T 检验结果显示，中央补助对体育场健身 SUI 指数（$t = -2.266$）有显著影响，获得中央补助的体育场用于全民健身的利用率更高；在赛事 SUI 指数方面，并没有显著性差异，地方补助对于体育场利用率也没有显著影响。根据实地调查发现，中央补助资金主要用于支持场馆的免费低收费开放，对于开放天数和每日开放时间有着明确的要求，但对于赛事活动次数的要求较低，主要是底线要求。地方补助资金的地区差异性较大，部分地方主管部门会采用购买赛事活动服务费、委托管理费等形式发放给地方场馆，但总体上对于体育场利用率的提升效果不明显。在调研中还发现，部分地方并未足额补齐补助资金，或者为场馆方获取补助资金设置诸多门槛，这在一定程度上影响了场馆方开放服务的积极性。此外，获得中央补贴和地方补贴之间存在显著正相关，说明重复补贴的情况较多，约占所有体育场的 63.15%。通过方差分析得出，获得重复补贴的体育场的赛事 SUI 指数显著较高，而健身 SUI 指数并无显著提升，说明重复补贴对于利用率的效果并不明确，补贴之后仍需加强监管和考核，以提升补贴的作用效果。

7.2.4.4 建成年份对利用率的影响

分析发现，体育场建成年份与利用率呈显著正相关，即建成年份越早的体育场，利用率越高。建成年份越早的体育场一方面地理位置相对较好，多数位于中心城区，随着城市变迁和空间布局的优化，体育场的交通可达性和商业价值逐步提升，其开放利用有着得天独厚的优势，如 1935 年建成的江湾体育场（健身 SUI 指数=39.26）地处上海五角场核心地段；另一方面具有丰富的运行经验，在机制改革、功能改造等方面进行了许多积极的探索，部分体育场甚至成为国内运营的标杆，如 1953 年建成的五台山体育中心体育场（赛事 SUI 指数=1.76）。但从 T 检验结果看，企业运营体育场比事业单位运营体育场的建成年份显著更晚，可以反映出当前企业更愿意承接新建的体育场，这些体育场普遍硬件设施更完备、后续维护成本较低。在回归分析中，建成年份对赛事 SUI 指数的影响并不显著，两者不存在显著的因果关系。

7.2.4.5 信息化程度对利用率的影响

独立样本 T 检验结果发现，"是否有信息化统计方式"在健身 SUI 指数（$t=-2.996$）上存在显著差异，即以信息管理服务系统统计客流量的方式比人工统计的体育场利用率更高。这反映了体育场信息化建设的有效性，对于传统的统计方式，信息化技术能够降低人工成本，提高体育场的运行效率，并影响体育场的利用率。在分析中发现，企业运营体育场的信息化程度普遍较高，同时场馆硬件条件更好，经营权改革更具优势，这也侧面反映了社会力量在场馆信息化改造过程中的重要作用。

7.2.4.6 信息公开程度对利用率的影响

独立样本 T 检验结果发现，"免费低收费开放服务信息是否公开"在健身 SUI 指数（$t=-0.856$）上存在显著差异，即免费低收费开放服务基本情况在平台公开的体育场全民健身利用率更高;"场馆客流信息是否有实时统计"在健身 SUI ($t = -2.063$)上存在显著差异,即平台上有客流量统计等实时信息的体育场全民健身利用率更高。全民健身信息服务平台由国家体育总局开发,整合了体育场馆免费低收费开放信息公开、场地预定、赛事活动、体育培训等信息,提供了社会化监督的渠道。在平台上公示开放服务信息是享受免费低收费补助资金场馆的"规定动作",部分场馆通过信息化升级,能够实现数据的实时传输和公示,这也侧面印证了中央补助资金对于利用率的正向影响。但回归结果不显著,即难以通过这两个指标对场馆利用率进行有效预测。

7.2.5 小结

本研究从服务全民健身和举办赛事活动两个方面构建了 CSUI 指数,包括赛事 SUI 指数和健身 SUI 指数两部分,并采用 2021 年我国体育场运行数据进行了实证分析。研究发现,受疫情影响,2021 年 CSUI 指数整体偏低,其中,赛事 SUI 指数平均值为 0.61,近九成体育场在 1 分以下,与历届世界杯足球场及中超联赛足球场的赛事 SUI 指数相比,都有很大的差距;健身 SUI 指数平均值为 16.22,五成以上体育场在 10 分以下,大部分体育场能够满足开放服务的基本要求。分析其影响因素发现,规模、运营主体性质、获得补助情况、建成年份及信息化程度等因素与体育场利用率显著相关,且赛事 SUI 指数和健身 SUI 指数的影响因素略有差异。具体而言,一是健身 SUI 指数与场地面积、固定座位数呈显著负相关,运营赛事 SUI 指数与场地面积呈显著正相关,与固定座位数无显著相关性;二是事业单位运营体育场健身 SUI 指数显著高于企业运营体育场,而企业运营体育场的赛事 SUI 指数显著高于事业单位运营体育场;三是获得中央补助的体育场健身 SUI 显著更高;四是体育场建成年份越早,赛事 SUI 指数和健身 SUI 指数普遍越高;五是采用信息管理服务系统统计客流方式、客流统计实施信息在国家全民健身信息服务平台发布的体育场赛事 SUI 指数和健身 SUI 指数普遍较高。通过回归分析发现,固定座位数、场地面积、建成年份、是否有信息化统计方式、是否获得中央补助五个指标可以对健身 SUI 指数进行预测。

7.3　基于 CSUI 指数研究的实践启示

本研究为客观评价中国体育场馆利用情况提供了较为科学并与国际接轨的评价工具,为提高中国体育场馆利用率提供了重要启示。具体体现在以下几个方面。

7.3.1   严控场馆建设规模，增进场馆韧性设计和灵活使用

场馆的开发建设应尊重城市发展特点和规律，从城市实际需求出发，谨慎考虑场馆建设规模。现阶段及未来一段时间内，我国大部分城市并不需要那么多大型场馆，中小型的全民健身场馆、群众身边的社区体育设施更符合当下的群众需要。同时，从实践经验来看，部分场馆在建设过程中会超出最初规划的规模和成本预算。一些城市的场馆在开发过程中，被过多地赋予"地标性建筑""城市形象""活力中心"等符号价值，而忽视了场馆本身的功能价值，使得大规模、多座位被视为理所当然，这将加剧场馆后期利用难度和增加场馆后期运维成本。这警示各地开发前期应做好充分的市场调研和需求分析，在开发过程中不应盲目扩大场馆的建设规模。各地应严格落实《关于加强全民健身场地设施建设发展群众体育的意见》（国办发〔2020〕36 号）中提出的"对确有必要建设的大型体育场馆，要从严审批、合理布局，兼顾社区使用"要求，在建设过程中应严格按照《城市公共体育场馆用地控制指标》（国土资规〔2017〕11 号）的用地面积和座位数要求，控制建设规模。在地标建筑吸引力逐渐褪去的背景下，对于场馆的开发功能定位可从"城市地标"走向"邻里街区"，回应当下最紧迫的社区民众的体育需求。

7.3.2   谨慎考虑"因赛建场"，关注新建场馆长久利用

从城市长远发展考虑，对新建场馆应做好反复论证。当场馆的建设与城市发展、群众需求相背离时，场馆后期使用注定是不可持续的。因此，对于大多数场馆数量充足的城市而言，要谨慎考虑"因赛建馆"，而应充分利用现有场馆，以"改建"替代"新建"；在承办大型赛事过程中，鼓励跨区域、都市圈联合办赛，实现场馆资源的集约利用、共享利用。同时，从城市运动项目产业发展情况出发，谨慎考虑新建场馆的建设类型。当前我国职业联赛体系不够成熟，专业球场的后期运营难度较大，相对而言，综合性体育场功能更灵活。在 2023 年亚足联亚洲杯筹备过程中，我国新建、改建 10 座专业足球场，其中仅一座能够实现综合性体育场与专业球场的功能转换，而从经验来看，这类场馆虽然建设和转换成本较高，但使用场景更为丰富，更有机会提升场馆的使用效率和商业开发效果。专业球场功能相对单一，在亚足联亚洲杯易地办赛的背景下，这些专业球场的后期利用问题的解决也迫在眉睫。鉴于此，对于大型球场的建设应更为慎重，对于确需建设的

专业场馆，也应为后期规划和改造留足空间，增强场馆设计韧性，丰富场馆应用场景。

重视场馆的选址和设施配套（如停车场、公共交通、商业设施等），提高场馆的交通可达性和便捷性。充分考虑赛时与赛后的使用模式和空间需求，可通过界面开放、体量伸缩、空间通用、灵活分隔、场地变换、多元综合等主动式、兼容性设计，提高场馆空间多元适应和高效利用。重点关注"因赛而建"的场馆，其规划设计理念应从"赛时需要"导向转变为"赛后长远利用"导向；重视其选址、空间规划和功能设计；将运营商纳入前期的设计、施工等环节，提高场馆赛后利用的有效性；对于专业球场，在前期规划设计中预设好场馆的功能转换，提高球场的设计韧性；提前做好场馆赛后利用风险预测，并将其纳入场馆开发建设项目的前期论证过程中。

7.3.3 重视场馆升级改造，提高场馆利用智慧化和精细化水平

场馆的基础软硬件环境直接决定了场馆承接各类赛事活动的规模和档次，对场馆综合利用水平起到关键性作用。研究发现，场馆的信息化程度能够影响场馆利用水平。智慧场馆具有运营高效、节约能耗、降低成本、丰富消费场景等优势，借助互联网、大数据、云计算、人工智能等现代数字技术，能够有效弥补场馆前期的规划、设计缺陷，提高场馆资源利用率和管理服务效率，并为用户带来全新的观赛、服务体验。目前，我国场馆的智慧化水平相对偏低，大多数场馆的智慧化改造主要停留在闸机验票、场馆预订等基础服务功能，智慧化水平普遍不高，难以提升观众体验感。因此，应加快场馆的数字化改造，对场馆的整体软硬件环境进一步升级，适时引入自助服务机、无人值守闸机系统、人脸识别设备、智能灯控、智能监控等智慧化设备，降低人力成本，提高场馆运营效率，优化场地资源配置，提升场馆的服务质量和利用水平，赋能场馆的可持续发展。

7.3.4 深入推进经营权改革，完善相关配套制度设计

场馆在开放使用过程中，要重视借助专业机构的运营能力优势，优化场馆资源配置，提高场馆资源利用率。应持续推进场馆的经营权改革工作，引进更专业的场馆运营主体。企业在场馆运营方面更专业也更具活力，有助于提高场馆的运营效率和服务水平，尤其是在提升经济效益方面有着明显优势，通过市场化运作可以提高场馆使用坪效和提升观众体验。然而，研究发现，企业运营场馆在赛事

活动方面利用率较高，在全民健身利用率方面并不具有优势，其中原因并不一定在于企业主体性质，还在于配套制度的不完善，如运营商遴选、购买服务、政府监管、绩效评价等方面尚存在缺陷。因此，对于事业单位运营场馆而言，应深入推进经营权改革，充分利用现代企业制度优势，整合各项体育资源，通过自办、引进等方式，积极开展多种多样的体育赛事和文化活动，丰富当地群众业余文化生活，使场馆资源的利用率达到最大化；在运营商的遴选过程中，应重视对其赛事活动承接能力的审查，将过往的赛事活动的成功经验和业绩纳入遴选标准中，并赋予较高的权重。对于企业运营场馆而言，应进一步完善配套制度，强化对运营商的监管与评价，尤其要细化服务合同条款，对于合同中约定的公共服务指标进行常态化监督和考核；鼓励场馆将闲散时间进行有效利用，向群众提供惠民服务，实现场馆资源的综合利用。

7.3.5 强化 CSUI 指数的推广和应用，为提高中国体育场馆利用率提供决策参考

CSUI 指数可客观、直观反映场馆的利用状况，为评价场馆利用率提供了科学工具。因此，应重视 CSUI 指数后续的应用、反馈及优化，为场馆运营和监管提供科学的决策参考。一是应充分重视对场馆利用率的评价。在实践中，对于场馆的评价目前主要关注免费低收费开放服务评价、运营管理绩效评价、用户满意度评价等，而大多数评价聚焦于场馆综合运营能力和服务水平，且评价体系较为复杂，并未得到广泛的应用，难以实现场馆间的横向比较分析。CSUI 指数中的健身 SUI 指数借鉴了商业空间坪效评价的概念，对空间资源的使用情况有更清晰的评判，不仅能实现同一时间内场馆间利用率的横向比较，还能够对场馆利用率实现持续的跟踪评价，可为场馆赛后利用和有效监管提供科学、客观的依据。二是应重视利用 CSUI 指数的反馈功能。这样不仅可以为场馆的规划建设与功能改造提供参考，提高利用效率，降低运行成本，还有助于主管部门的监督管理，可将 CSUI 指数纳入场馆整体的运营绩效评价体系中或者与补贴挂钩。除了整体 CSUI 指数的评价和比较分析，还应关注赛事 SUI 指数和健身 SUI 指数的构成情况，不仅要提升场馆办赛能力、场均上座率，还要以多种形式提高场馆的对外开放水平（开放时间和接待人次等），实现场馆在赛事活动服务和全民健身两个方面的均衡发展。三是应提高场馆信息公开程度。研究表明，场馆信息公开程度的不同，其利用率也有着显著差异。场馆的开放服务信息公开程度从侧面反映了场馆的专业化服务水平，也为

社会化监督提供了便利，倒逼场馆为群众提供更多及时、便利的场馆服务。因此，应加大场馆基础信息公开力度，定期对 CSUI 指数进行测算和排序，及时向社会发布，为社会监督和市场决策提供参考。可采用标杆管理等方法，由主管部门对场馆利用率进行持续动态监测，并定期发布利用率基准水平和标杆场馆名单，发挥示范引领作用，促进场馆间的学习与竞争。此外，未来仍需进一步优化 CSUI 指数的构建。关注场馆的多功能使用，研究多元业态、多种运动项目、多租户之间空间的切分与场景转换。后续可在全民健身、赛事活动服务两项功能的基础上，对场馆的使用功能进行细分和拓展，如体育赛事、演艺活动、旅游观光、商务会展、体育培训、应急避险等，提高 CSUI 指数的科学性、可比性和对实践的参考价值。

参 考 文 献

[1] ABATHAR A, DOYOON K, MURAT K, et al. Circular economy application for a green stadium construction towards sustainable FIFA World Cup Qatar 2022[TM][J]. Environmental Impact Assessment Review, 2021(87): 106543.

[2] AQUINO I, NAWARI N O. Sustainable design strategies for sport stadia[J]. Suburban sustainability, 2015, 3(1): 3.

[3] ALM J, SOLBERG H A, STORM R K, et al. Hosting major sports events: The challenge of taming white elephants[J]. Leisure studies, 2016, 35(5): 564-582.

[4] ALM J. World stadium index stadiums built for major sporting events-bright future or future burden?[M]. Copenhagen: Danish Institute for Sports Studies/Play the Game, 2012.

[5] CHEN A, CAI X, LI J, et al. The values and barriers of building information modeling (BIM) implementation combination evaluation in smart building energy and efficiency[J]. Energy reports, 2022, 8(6): 96-111.

[6] BURNS T R. The sustainability revolution:a societal paradigm shift[J]. Sustainability, 2012, 4(6): 1118-1134.

[7] DEATH C. "Greening" the 2010 FIFA world cup: environmental sustainability and the Mega-Event in South Africa[J]. Journal of Environment Policy and Planning, 2011(13): 99-117.

[8] ERMOLAEVA P, LIND A. Mega-event simulacrum: critical reflections on the sustainability legacies of the world cup 2018 for the Russian host cities[J]. Problems of Post-communism, 2020, 68(6): 498-508.

[9] EUNIL P, SANG J K, ANGEL D P. For a green stadium: economic feasibility of sustainable renewable electricity generation at the Jeju World Cup Venue[J]. Sustainability, 2016, 8(10): 969.

[10] FIFA. Green certification for all 2018 FIFA world cup stadiums[EB/OL]. (2018-06-12) [2023-09-10]. https://www.fifa.com/tournaments/mens/worldcup/2018russia/news/green-certification-for-all-2018-fifa-world-cup-stadiums.

[11] FRANK S, STEETS S. Stadium worlds: football, space and the built environment[M]. London: Routledge, 2010.

[12] PREUSS H, SOLBERG H A, ALM J. The challenge of utilizing World Cup Venues[M]//Managing the football world cup. London: Palgrave Macmillan, 2014.

[13] FRAWLEY S, ADAIR D. Managing the Football World Cup[M]. London: Palgrave Macmillan, 2014.

[14] IVERSEN E B, CUSKELLY G. Effects of different policy approaches on sport facility utilisation strategies[J]. Sport Management Review, 2015, 18(4): 529-541.

[15] MOLLOY E, CHETTY T. The rocky road to legacy: lessons from the 2010 FIFA world cup South Africa stadium program[J]. Project Management Journal, 2015, 46(3): 88-107.

[16] PALVARINI P, TOSI S. Stadiums as studios: How the media shape space in the new Juventus Stadium[J]. First Monday, 2013, 18(11): 495.

[17] ROSCA V. Sustainable development of a city by using a football club[J]. Theoretical and Empirical Researches in Urban Management, 2010, 7(16): 61-68.

[18] SCHREYER D, ANSARI P. Stadium attendance demand research: A scoping review[J]. Journal of Sports Economics, 2021, 23(6): 749-788.

[19] SPARVERO E, CHALIP L. Professional teams as leverageable assets: Strategic creation of community[J]. Sport Management Review, 2007, 10(1): 1-30.

[20] THE RUSSIAN GREEN BUILDING COUNCIL. Technical report on the environmental, energy and resource efficient design solutions for the construction and refurbishment of the stadiums for the 2018 FIFA world cup russia[R]. Russia:2018 FIFA World Cup Local Organising Committee,2015.

[21] 鲍明晓. 我国职业足球俱乐部股权多元化改革的理论分析与推进策略[J]. 北京体育大学学报，2021，44（10）：14-21.

[22] 陈磊，陈元欣. 美国大型体育场馆运营中 PPP 模式应用研究[J]. 首都体育学院学报，2018，30（4）：297-301.

[23] 陈元欣，陈磊，李京宇，等. 体育场馆促进城市更新的效应：美国策略与本土启示[J]. 上海体育学院学报，2021，45（2）：78-89.

[24] 陈元欣，陈磊，刘恒，等. 公共体育场馆功能改造之理论逻辑与现实困境——以洪山体育中心为例[J]. 上海体育学院学报，2020，44（5）：37-46.

[25] 陈元欣，方雪默. 公共体育场馆不同性质运营主体供给公共服务水平的比较研究[J]. 体育科学，2022，42（8）：85-97.

[26] 陈元欣，黄昌瑞，王健. 职业体育俱乐部参与体育场（馆）运营研究[J]. 体育科学，2017，37（8）：12-20.

[27] 陈元欣，姬庆. 大型体育场馆运营内容产业发展现状、问题及对策[J]. 首都体育学院学报，2015，27（6）：483-487，511.

[28] 陈元欣，王健. 我国公共体育场（馆）发展中存在的问题、未来趋势、域外经验与发展对策研究[J]. 体育科学，2013，33（10）：3-13.

[29] 陈元欣，王健，张洪武. 后奥运时期大型体育场馆运营现状、问题及其发展研究[J]. 北京体育大学学报，2012，35（8）：26-30，35.

[30] 付紫硕，陈元欣. 国外智慧体育场馆建设经验及启示[J]. 体育文化导刊，2020（10）：40-46.

[31] 高军，南尚杰，李安娜. 日本公共体育设施指定管理者制度分析及启示——基于政府职能转变的视角[J]. 上海体育学院学报，2016，40（6）：30-36.

[32] 管建良，王飞，马莉娅．"双碳"目标下滑雪旅游产业可持续发展困境及应对策略[J]．体育文化导刊，2023（1）：98-103，110．

[33] 佚名．鸟巢 书写奥运主场馆赛后利用"中国答卷"[EB/OL]．（2021-04-15）[2023-09-10]．https://topics.gmw.cn/2021-04/15/content_34766955.htm．

[34] 国务院办公厅．国务院办公厅关于印发中国足球改革发展总体方案的通知[EB/OL]．（2015-03-16）[2023-09-10]．http://www.gov.cn/zhengce/content/2015-03/16/content_9537.htm．

[35] 胡庆山，郭敏，王健．论我国综合性大型体育场馆发展的体制性障碍问题[J]．上海体育学院学报，2006（2）：51-55．

[36] 贾园，庄惟敏．建筑师负责制背景下的前策划后评估——以北京科技大学综合体育馆为例[J]．新建筑，2020（3）：107-111．

[37] 简余昆．我国职业足球俱乐部的商业价值与运营模式分析——以广州恒大淘宝足球俱乐部为例[J]．中国集体经济，2020（6）：79-81．

[38] 金钟，于永慧．韩国对2002年韩日世界杯的经营及其效果[J]．体育学刊，2008（1）：31-33．

[39] 李柏，魏晖．草根体育组织与社区体育公园协同发展研究[J]．沈阳体育学院学报，2020，39（5）：92-100．

[40] 李佳颖，陈元欣．基于多元化开发的体育场馆功能改造研究[J]．拳击与格斗，2021（8）：77-78．

[41] 连旭，刘德明．PPP融资模式下的德国06世界杯赛场设计[J]．华中建筑，2009，27（6）：13-16．

[42] 梁迎亚，朱文一．基于SUI评估方法的世界杯赛场赛后利用策略探究及其对中国的启示——中国申办世界杯规划战略研究系列（十三）[J]．世界建筑，2016（8）：118-121，125．

[43] 梁迎亚，朱文一．欧洲足球场VIP观众区设计探究及其对中国的启示——中国申办世界杯规划战略研究系列（15）[J]．世界建筑，2017（9）：114-117，128．

[44] 梁迎亚．中国足球赛场常态利用设计研究[D]．北京：清华大学，2018．

[45] 刘灿．对新兴生态城市的反思——可持续发展中缺失的社会支柱[J]．建筑与文化，2022（1）：159-160．

[46] 刘冬梅．美国大型体育场馆经营管理成功经验的案例分析及其对我国的启示[D]．武汉：华中师范大学，2009．

[47] 罗平．日本公共体育设施运营的指定管理者制度及启示[J]．上海体育学院学报，2010，34（6）：22-26．

[48] 陆诗亮，李磊，解文龙，等．国际奥委会可持续发展理念下的冬奥会冰雪体育场馆设计研究[J]．建筑学报，2019（1）：13-18．

[49] 吕强，刘刚．体育建筑的运营与设计——可持续策略的软硬结合[J]．当代建筑，2020（11）：20-23．

[50] 欧鹏，胡敏娟．中超16队仅一队有自己球场 租赁球场问题多阻碍联赛发展[EB/OL]．（2019-04-16）[2023-09-10]．https://sports.qq.com/a/20190416/002037.htm．

[51] 朱文一，彭小松．为了世界杯——中国申办世界杯战略规划研究[M]．北京：中国建筑工业出版社，2011．

[52] 彭小松，朱文一．2010 年南非世界杯主办城市与赛场漫谈[J]．世界建筑，2010（12）：128-133．

[53] 蒲华文．我国体育场馆冠名权研究[J]．体育文化导刊，2012（11）：95-98．

[54] 钱锋，杨峰，唐敏．大型体育赛事的环境可持续策略新趋势——2006 年德国世界杯"绿色目标"计划[J]．新建筑，2009（2）：84-88．

[55] 清华大学体育产业研究中心．产业观察|专业足球场运营——联赛篇[EB/OL]．（2021-8-27）[2023-09-10]．https://www.163.com/dy/article/GIE3SCK40529DBLQ.html．

[56] 申隆达．以职业联赛为赛后运营导向的世界杯体育场设计策略初探[D]．深圳：深圳大学，2018．

[57] 申元月，王长峰．集团公司的管理和控制模式研究[J]．山东纺织经济，2004（1）：19-22．

[58] 沈喜彭．新南非的治安问题及其原因分析[J]．历史教学问题，2008（6）：66-68，13．

[59] 石伊超．我国体育场馆的经营管理问题研究——以济南市为例[D]．济南：山东师范大学，2014．

[60] 宋樊君．地方政府投融资平台转型探讨——基于平台公司债务风险视角[J]．中国流通经济，2018，32（3）：70-84．

[61] 邰峰，郑超，梁鑫，等．北京冬奥场馆赛后利用及公共体育服务内容研究[J]．辽宁师范大学学报（自然科学版），2021，44（3）：425-432．

[62] 童天瑞，陈元欣．国外体育场馆可持续发展的启示[J]．体育科研，2022，43（1）：97-104．

[63] 汪德华．我国大型体育场馆经营管理模式的选择[J]．才智，2009（26）：278．

[64] 王东升．河南建业足球俱乐部商业模式分析[J]．商业经济研究，2016（12）：113-114．

[65] 王宁宁，程文广．全民健身公共服务智慧化实践困境及行动路向[J]．体育文化导刊，2022（10）：65-72．

[66] 王治君，陈元欣，张臣义．欧洲职业足球俱乐部场馆建设、运营现状与发展趋势分析[J]．成都体育学院学报，2012，38（12）：28-33．

[67] 王子朴，梁蓓，陈元欣．梳理与借鉴：奥运场馆投融资模式研究[J]．西安体育学院学报，2012，29（4）：425-433，456．

[68] 王钰清，程公，张兴泉，等．基于国际足联标准视角下我国专用足球场存在的问题分析及解决的路径研究[J]．沈阳体育学院学报，2015，34（4）：106-111．

[69] 肖淑红，付群，雷厉．大型体育场馆融资模式分类及特征研究[J]．北京体育大学学报，2012，35（6）：14-18．

[70] 杨涛，羿翠霞，崔鲁祥，等．基于共生理论的中国职业足球联赛利益相关者关系研究[J]．西安体育学院学报，2020，37（4）：422-429．

[71] 杨铄，郑芳，丛湖平．欧洲国家职业足球产业政策研究——以英国、德国、西班牙、意大利为例[J]．体育科学，2014，34（5）：75-88．

[72] 杨小银，曾建明，朱俊鹏，等. 美国体育场馆智慧化建设经验与启示[J]. 体育文化导刊，2022（7）：39-44.

[73] 袁佳，陈元欣，刘然祺. 世界杯专业足球场赛后运营的德国经验与启示[J]. 体育科研，2022，43（5）：8-15.

[74] 袁鹏. 大型体育场馆经营管理模式研究[J]. 经营管理者，2020（9）：82-83.

[75] 张强，陈元欣，王华燕，等. 我国城市体育服务综合体的发展路径研究[J]. 成都体育学院学报，2016，42（4）：21-26.

[76] 张强，王家宏. 新时代我国智慧体育场馆运营管理研究[J]. 武汉体育学院学报，2021，55（11）：62-69.

[77] 张琬婷，郭振，陈怡莹，等. 体育场馆绿色行为内涵、实践与实施路径[J]. 北京体育大学学报，2020，43（9）：57-64.

[78] 钟秉枢，韩勇，邢晓燕，等. 论新发展阶段我国职业体育俱乐部的规范化发展[J]. 体育学研究，2022，36（6）：1-13.

[79] 周润东. 欧美专业足球场文化逻辑探析与启示[J]. 湖北体育科技，2021，40（11）：965-969，1025.

[80] 朱雅菊. 基于国际足球赛事要求的上海八万人体育场改造研究[J]. 上海建设科技，2021（5）：54-56，62.